高等职业院校信息技术应用"十三五"规划教材

高等职业教育计算机类课程新形态一体化规划教材

工业和信息化部实践教学创新系列

计算机应用基础任务化教程
实验指导（Windows 7+Office 2010）

Jisuanji Yingyong Jichu Renwuhua Jiaocheng
Shiyan Zhidao

王亚 主编

人民邮电出版社

北京

图书在版编目（CIP）数据

计算机应用基础任务化教程实验指导：Windows 7 + Office 2010 / 王亚主编. -- 北京：人民邮电出版社，2017.1
高等职业院校信息技术应用"十三五"规划教材
ISBN 978-7-115-44087-7

Ⅰ. ①计… Ⅱ. ①王… Ⅲ. ①Windows操作系统－高等职业教育－教学参考资料②办公自动化－应用软件－高等职业教育－教学参考资料 Ⅳ. ①TP31-62

中国版本图书馆CIP数据核字(2016)第275403号

内 容 提 要

本书是与《计算机应用基础任务化教程（Windows 7 + Office 2010）》相配套的实验教材，是根据教育部高职高专计算机专业"计算机基础"课程教学大纲和全国计算机等级考试一级 MS Office 考试内容，并参照全国计算机等级考试二级 MS Office 高级应用考试内容编写的。本书的章节编排与《计算机应用基础任务化教程（Windows 7 + Office 2010）》内容基本一致，共分 6 个单元：计算机基础知识、计算机网络基础、Windows 7 操作系统、Word 2010 文字处理、Excel 2010 电子表格制作、PowerPoint 2010 演示文稿。本书兼具实用性和上机考试要求的特点，列举大量实例供学生学习，书后精选 202 道基础知识题供学生练习，并附有参考答案。

本书精心选编了操作例题，例题涵盖全国计算机等级考试一级 MS Office 考试大纲中所有要求掌握的知识点，其操作形式、示例和难度与全国计算机等级考试一级 MS Office 考试考题中的操作题近似。

本书可以作为高等职业院校计算机应用基础课程的教材，也可以作为全国计算机等级考试的辅导用书，还可以作为计算机应用的自学和培训教材。

◆ 主　编　王　亚
　　责任编辑　李育民
　　责任印制　焦志炜

◆ 人民邮电出版社出版发行　　北京市丰台区成寿寺路 11 号
　　邮编　100164　　电子邮件　315@ptpress.com.cn
　　网址　http://www.ptpress.com.cn
　　北京隆昌伟业印刷有限公司印刷

◆ 开本：787×1092　1/16
　　印张：9　　　　　　　　　2017 年 1 月第 1 版
　　字数：225 千字　　　　　　2017 年 1 月北京第 1 次印刷

定价：24.00 元

读者服务热线：(010)81055256　印装质量热线：(010)81055316
反盗版热线：(010)81055315

前　言

　　高等职业院校计算机基础教育是高等职业教育的重要组成部分，"计算机基础"课程是高等职业院校各专业学生的公共必修课，是学生将来从事各种职业的工具和基础，在培养学生技能应用方面有着重要的作用。本书作为大学计算机的入门课程，根据高职高专"十三五规划"要求，提出了从"能力—知识结构"出发构建课程体系的方案。

　　本书共分 6 个单元：计算机基础知识、计算机网络基础、Windows 7 操作系统、Word 2010 文字处理、Excel 2010 电子表格制作、PowerPoint 2010 演示文稿。书后精选 202 道基础知识题供学生练习，并附有参考答案。每一单元的实验内容非常丰富，在顺序与节奏上与"计算机应用基础任务化教程（Windows 7+Office 2010）"课程的理论教学同步并密切配合，充分展现了作者编写此书的初衷。本书强化操作环节的引导，强调学生分析问题和实际操作的能力。为了使学生在没有太多时间与教师直接见面的情况下也能够顺利地完成每一次实验操作，书中为每一个实验的每一个内容都给出了详尽的实验参考步骤和提示，为学生的自学提供了极大的帮助和启发。

　　为方便教学，本书配有丰富的教学资源，包括电子课件、素材、等级考试题库、等级考试模拟软件等。

　　本书由王亚主编，同时，在本书的编写过程中得到了学校各级领导和教师的关心和支持，在此表示感谢。由于作者水平有限，本书的不妥或疏漏之处，敬请读者批评指正。

编　者

2016 年 10 月

目　录

单元一
计算机基础知识

实验一　计算机硬件及操作系统的安装

一、实验目的

（1）理解微型计算机的结构和工作原理。

（2）掌握组装一台微型计算机所需的硬件由几部分组成，并学会微机硬件的配置。

（3）熟悉微型计算操作系统的安装过程及方法。

二、实验内容及步骤

1．实验内容

熟悉基本部件的组成，如 CPU、主板、内存、显卡、声卡、网卡、硬盘、软驱、光驱、显示器、键盘和鼠标等，并记录计算机的型号和编号；针对本单元学习的计算机硬件知识，上网查找微机（PC 机）的相关行情或进行市场调查之后，能够以较高的性价比（微型计算机性能/其价格）合理地配置一台微型计算机。

2．实验准备工作

了解微型计算机配置的类型和基本要求。

一般来说，根据不同的用户需求与资金投入，可将微型计算机配置大致划分为以下几种不同的等级。

- 经济实用型：价格较低，速度、性能一般，适合于一般初学者。
- 办公应用型：能满足普通办公自动化需要，如文字处理、收发 E-mail、上网查找资料等。
- 一般家用型：能满足家庭学习、娱乐、上网的需要，大多配置为多媒体系统。
- 游戏玩家型：专门为游戏爱好者配置，要求图像、动画处理能力强，网络速度快。
- 专业制作型：要求性能高、速度快，并配置专业的多媒体制作设备。
- 网络服务器型：要求性能高，安全稳定性好，而且能长时间工作，建议配置多个 CPU。

微型计算机的各个部件之间相互组合成完整的硬件系统。不同用途、不同档次的微型计算机配置也不完全一致，用户可根据自己的使用能力、经济能力自行进行配置，其基本要求有以下几点：各组成部件要先进、合理，完全兼容，部件选择优质产品；选择市场主流产品，要有良好的可升级、扩展能力；明确购机目的，微机的配置要与用途相适应；要有好的性能价格比；选择有声誉、有良好售后服务的经销商。

3．硬件配置的流程

计算机的硬件系统由主机、显示器、键盘和鼠标组成。具有多媒体功能的计算机配有音箱、话筒等。除此之外，计算机还可外接打印机、扫描仪、数码相机等设备。

计算机最主要的部分位于主机箱中，如计算机的主板、电源、CPU、内存、硬盘、各种插卡（如显卡、声卡、网卡）等主要部件都安装在机箱中。机箱的前面板上有一些按钮和指示灯，有的还有一些插接口，背面有一些插槽和接口。硬件连接步骤如下。

（1）安装电源。首先，在主板的对应插槽里安装 CPU、内存条，如图 1.1 所示；然后，将主板安装在主机箱内，再安装硬盘、光驱，接着安装显卡、声卡、网卡等，连接机箱内的接线，如图 1.2 所示；最后，连接外部设备，如显示器、鼠标、键盘等。

将电源（见图 1.3）放在机箱的电源固定架上，使电源上的螺丝孔和机箱上的螺丝孔一一对应，然后拧上螺丝。

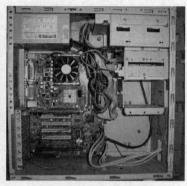

图 1.1　计算机主板　　　　　图 1.2　计算机主机箱内部　　　　　图 1.3　电源

（2）安装 CPU。将主板平置于桌面，CPU 插槽是一个布满均匀圆形小孔的方形插槽，如图 1.4 和图 1.5 所示，根据 CPU 的针脚和 CPU 插槽上插孔的位置的对应关系确定 CPU 的安装方向。拉起 CPU 插槽边上的拉杆，将 CPU 的引脚缺针位置对准 CPU 插槽的相应位置，待 CPU 针脚完全放入后，按下拉杆至水平方向，锁紧 CPU。之后，涂抹散热硅胶并安装散热器，然后将风扇电源线插头插到主板上的 CPU 风扇插座上。

图 1.4　CPU 正面　　　　　　　　　　图 1.5　CPU 背面

（3）安装内存。内存插槽是长条形的插槽，其中间有一个用于定位的凸起部分，如图 1.6 所示，按照内存插脚上的缺口位置将内存条压入内存插槽，使插槽两端的卡子可完全卡住内存条。

（4）安装主板。首先，将机箱自带的金属螺柱拧入主板支撑板的螺丝孔中，将主板放入机箱，注意主板上的固定孔对准拧入的螺柱，主板的接口区对准机箱背板的对应接口孔，边调整位置边依次拧紧螺丝固定主板。

图1.6　内存

（5）安装光驱、硬盘。拆下机箱前部与要安装光驱位置对应的挡板，将光驱从前面板平行推入机箱内部，如图 1.7 所示，边调整位置边拧紧螺丝，将光驱固定在托架上。使用同样的方法从机箱内部将硬盘推入并固定于托架上，如图 1.8 所示。

图 1.7　光驱

图 1.8　硬盘

（6）安装显卡、声卡、网卡等各种板卡，如图 1.9～图 1.11 所示。根据显卡、声卡、网卡等板卡的接口（PCI 接口、AGP 接口、PCI-E 接口等），确定不同板卡对应的插槽（PCI 插槽、AGP 插槽、PCI-E 插槽等），取下机箱内部与插槽对应的金属挡片，将相应板卡插脚对准对应插槽，板卡挡板对准机箱内挡片孔，用力将板卡压入插槽中并拧紧螺丝，将板卡固定在机箱上。

（7）连接机箱内部连线。

① 连接主板电源线：将电源上的供电插头（20 芯或 24 芯）插入主板对应的电源插槽中。电源插头设计有一个防止插反和固定作用的卡扣，连接时，注意保持卡扣和卡座在同一方向上。为了对 CPU 提供更强、更稳定的电压，目前的主板会提供一个

图 1.9　显卡

给 CPU 单独供电的接口（4 针、6 针或 8 针），连接时，将电源上的插头插入主板 CPU 附近对应的电源插座上。

图 1.10　声卡

图 1.11　网卡

② 连接主板上的数据线和电源线：包括硬盘、光驱等的数据线和电源线。

硬盘数据线如图 1.12 所示。根据硬盘接口类型的不同，硬盘数据线也分为 PATA 硬盘采用的 80 芯扁平 IDE 数据排线和 SATA 硬盘采用的 7 芯数据线。由于 80 芯数据线的接头中间设计了一个凸起部分，7 芯数据线接头是 L 型防呆盲插接头设计，因此通过这些可识别接头的插入方向，将数据线上的一个插头插入主板上的 IDE1 插座或 SATA1 插座，将数据线另一端的插头插入硬盘的数据接口中，插入方向由插头上的凸起部分或 L 型定位。

光驱数据线的连接方法与硬盘数据线的连接方法相同，即把数据排线插到主板上的另一个 IDE 插座或 SATA 插座上。

硬盘、光驱的电源线如图 1.13 所示。把电源上提供的电源线插头分别插到硬盘和光驱上。电源插头都是防呆设计的，只有方向正确才能插入，因此不用担心插反。

图 1.12　数据线

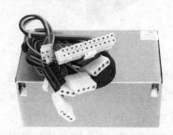

图 1.13　电源线

③ 连接主板信号线和控制线，包括 POWER SW（开机信号线）、POWER LED（电源指示灯线）、H.D.D LED（硬盘指示灯线）、RESET SW（复位信号线）、SPEAKER（前置报警喇叭线）等，如图 1.14 所示。把信号线插头分别插到主板上对应的插针上（一般在主板边沿处，并有相应标示），其中，电源开关线和复位按钮线没有正负极之分；前置报警喇叭线是 4 针结构，红线为+5V 供电线，与主板上的+5V 接口对应；硬盘指示灯和电源指示灯区分正负极，一般情况下，红色代表正极。

（8）连接外部设备。

① 连接显示器：如果是 CRT 显示器，把旋转底座固定到显示器底部，然后把视频信号线

连接到主机背部面板的 15 针 D 型视频信号插座上（如果是集成显卡主板，该插座在 I/O 接口区；如果采用独立显卡，该插座在显卡挡板上），最后连接显示器电源线，如图 1.15 所示。

图 1.14 主板信号线和控制线

图 1.15 主机背部面板

② 连接键盘和鼠标：鼠标、键盘 PS/2 接口位于机箱背部 I/O 接口区。连接时可根据插头、插槽颜色和图形标示来区分，紫色为键盘接口，绿色为鼠标接口。如果是 USB 接口的鼠标，则将其插到任意一个 USB 接口上即可。

③ 连接音箱/耳机：独立声卡或集成声卡通常有 LINE IN（线路输入）、MIC IN（麦克风输入）、SPEAKER OUT（扬声器输出）、LINE OUT（线路输出）等插孔。若外接有源音箱，则可将其接到 LINE OUT 插孔，否则接到 SPEAKER OUT 插孔。耳机可接到 SPEAKER OUT 插孔或 LINE OUT 插孔。

以上步骤完成后，计算机系统的硬件部分就基本安装完毕了。

4．配置注意事项

配置计算机时，应注意以下事项。

在选择 CPU 时，主频不一定越快越好，要依据自身的经济状况及机器的主要用途进行选择。目前，主流 CPU 有 Intel 与 AMD 两大系列，它们的性能和架构不尽相同，价格差异也很大，购买时应慎重考虑，做出合理选择。

根据已选定的 CPU 类型及工作主频等技术指标，选择支持它的主板。现在还没有能完全支持所有 CPU 类型的主板，所以要根据 CPU 的具体要求进行选择。同时，为了 CPU 的升级和功能扩展，在选择时眼光应放长远一些。如果资金不充裕，可选择显卡、声卡整合型的一体化主板，这样可降低一部分成本。

考虑到市场上内存条的价格不是很高，建议目前至少配 512MB DDR 内存。

硬盘容量要越大越好，但同时要考虑到转速，目前的主流硬盘容量是 120GB 以上，转速为 7 200～10 000r/min。

显示器可以说是计算机购置中的重要组成部分，价格比较贵且相对其他硬件来说比较稳定，不会在短时间内因过时而被淘汰。选择时可根据实际需要购买纯平或液晶显示器。

5．安装 Windows 7 操作系统

（1）在利用 Windows 7 简体中文版安装光盘安装系统之前，我们需要先在 BIOS 程序中将计算机的启动顺序设置为 CD-ROM 优先。

操作步骤：在开启计算机时按【Delete】键进入 BIOS 设置界面，如图 1.16 所示。

选择"Advanced BIOS Features"进入如图 1.17 所示的界面，然后选择"First Boot Device"，在弹出的菜单中选择"CDROM"项。

图 1.16　BIOS 设置界面　　　　　　　　图 1.17　Advanced BIOS Features 设置界面

（2）设置好后返回 BIOS 设置界面，此时选择 "Save & Exit Setup" 即可退出 BIOS 设置，如图 1.18 所示。

（3）设置好 BIOS 程序后，重新启动计算机。在看到如图 1.19 所示的界面时立即按回车键。

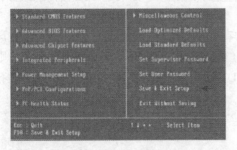

图 1.18　BIOS 退出界面

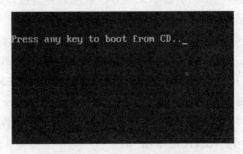

图 1.19　确定从光盘启动界面

顺利从光盘启动后就可以看到安装界面了，如图 1.20 所示，其操作步骤如下。

① 选择 "要现在安装 Windows 7，请按 ENTER 键"，按回车键后，出现许可界面，如图 1.21 所示。如接受该协议，按【F8】键，出现磁盘分区界面，如图 1.22 所示。

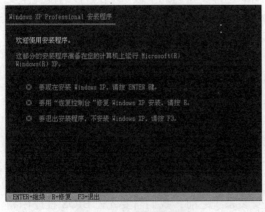

图 1.20　安装向导界面

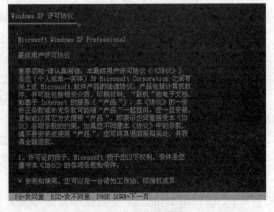

图 1.21　许可协议界面

② 用上移和下移箭头键选择安装系统所用的分区，通常选用 C 分区，选择好分区后按 "Enter" 键，出现分区格式化界面，如图 1.23 所示。这里，对所选分区格式化的方式有多种，因此要注意选择。其中，NTFS 文件系统格式化磁盘方式可节约磁盘空间，提高安全性和减小磁盘碎片，但也存在很多问题，如在 DOS 和 Windows 98/Me 下将看不到 NTFS 格式的分区。因

此，在这里我们选择"用 FAT 文件系统格式化磁盘分区（快）"，按"Enter"键后，系统提示是否进行格式化，如图 1.24 所示。

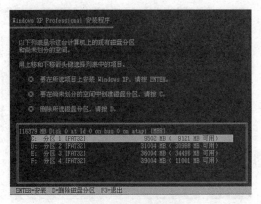

图 1.22　磁盘分区界面

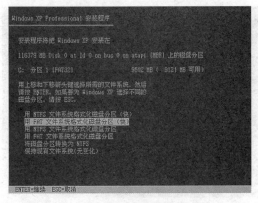

图 1.23　分区格式化界面

③ 按"F"键将准备格式化 C 盘，出现格式化警告界面，如图 1.25 所示。

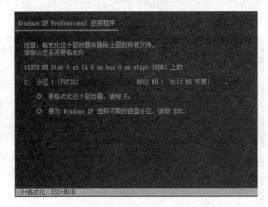

图 1.24　是否进行格式化提示界面

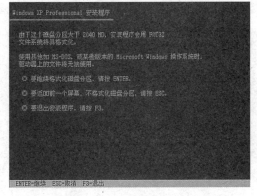

图 1.25　格式化警告界面

由于这个磁盘（即所选分区 C 盘）的空间大于 2 048MB（即 2GB），安装程序会用 FAT32文件系统将其格式化，按"Enter"键继续，出现格式化分区界面，如图 1.26 所示。

④ 格式化所选 C 分区完成后，出现文件复制界面，如图 1.27 所示。

图 1.26　格式化分区界面

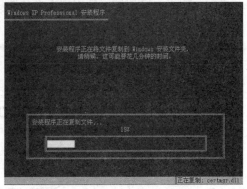

图 1.27　文件复制界面

文件复制完成后，安装程序将初始化 Windows 配置，之后系统将在 15s 后自动重新启动。

重新启动后，出现如图 1.28 所示的界面。

　　这里我们选择默认值设置即可，单击【下一步】按钮，出现如图 1.29 所示的界面。

图 1.28　安装 Windows 程序界面　　　　　　　　图 1.29　复制 Windows 文件界面

　　直至出现如图 1.30 所示的界面。至此，安装程序会自动完成整个过程，不需要用户的参与。安装完成后，计算机会自动重新启动，出现如图 1.31 所示的启动界面。

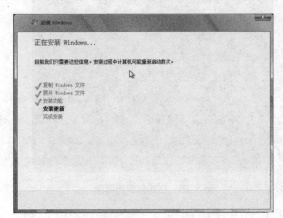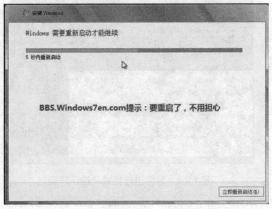

图 1.30　Windows 7 过程界面　　　　　　　　图 1.31　Windows 7 结束界面

　　第 1 次启动需要较长的时间，请耐心等待。接下来便进入欢迎使用界面，提示用户对计算机进行设置，如图 1.32 所示。将出现【谁会使用这台计算机？】设置界面，单击【下一步】按钮，为这台计算机设置密码。

图 1.32　用户名和计算机名界面

单击"完成"按钮，至此系统安装完成。系统将注销并重新以新用户身份登录。正式进入系统后的 Windows 7 桌面，如图 1.33 和图 1.34 所示。

图 1.33 启动 Windows 7 系统

图 1.34 启动 Windows 7 桌面

实验二 基本指法和中英文输入练习

一、实验目的

（1）熟悉基本指法和键位操作。
（2）熟悉打字的基本要领和正确姿势。
（3）熟练使用微软输入法、搜狗拼音输入法。
（4）了解五笔输入法。
（5）掌握输入法的切换方法。

二、实验内容及步骤

1．实验内容

（1）指出键盘的 4 个分区：主键盘区、功能键区、编辑键区和数字键区。
（2）对照键盘填写表 1.1 中的键上标识信息。

表 1.1 键的名称及其标识

名　称	键　名	名　称	键　名
退格键	Backspace	插入/改写状态转换	Insert
回车键	Enter	删除键	Delete
换挡键	Alt	行首键	Home
制表键	Tab	取消键	Esc
空格键	Space	大写字母锁定键	Caps Lock
Windows 开始菜单键	⊞	数字锁定键	Num Lock
下翻页键	PgDn	上翻页键	PgUp

（3）在记事本中输入表 1.2 中的英文，并保存为"ex1.txt"。

表1.2　英文字符

In our life, we have rarely expressed our gratitude to the one who'd lived those years with us. In fact, we don't have to wait for anniversaries to thank the ones closet to us—the ones so easily overlooked. If I have learned anything about giving thanks, it is this: give it now! while your feeling of appreciation is alive and sincere, act on it. Saying thanks is such an easy way to add to the world's happiness.

Saying thanks not only brightens someone else's world, it brightens yours. If you're feeling left out, unloved or unappreciated, try reaching out to others. It may be just the medicine you need.

Of course, there are times when you can't express gratitude immediately. In that case don't let embarrassment sink you into silence-speak up the first time you have the chance.

Once a young minister, Mark Brian, was sent to a remote parish of Kwakiutl Indians in British Columbia. The Indians, he had been told, did not have a word for thank you. But Brian soon found that these people had exceptional generosity. Instead of saying thanks, it is their custom to return every favor with a favor of their own, and every kindness with an equal or superior kindness. They do their thanks.

I wonder if we had no words in our vocabulary for thank you, would we do a better job of communicating our gratitude? Would we be more responsive, more sensitive, more caring?

Thankfulness sets in motion a chain reaction that transforms people all around us—including ourselves. For no one ever misunderstands the melody of a grateful heart. Its message is universal; its lyrics transcend all earthly barriers; its music touches the heavens.

（4）使用微软输入法输入表1.3中的内容，并保存为"ex2.rtf"。

表1.3　使用微软输入法输入的内容

《名利场》是英国伟大的现实主义作家和幽默大师萨克雷的代表作，主要描写女主人公在社会上受到歧视，于是利用种种计谋甚至以色相引诱、巴结权贵豪门，不择手段地往上爬。这个人物并不邪恶，也不善良，但非常有人情味，完全是时代的产物。作品辛辣地讽刺了买卖良心和荣誉的"名利场"中的各种丑恶现象，而且善于运用深刻的心理描写和生动的细节勾勒来刻画人物，是一部现实主义的杰作。

（5）使用搜狗拼音输入法输入表1.4中的内容，并保存为"ex3.rtf"。

表1.4　使用搜狗拼音输入法输入的内容

存储器（Memory）是计算机系统中的记忆设备，用来存放程序和数据。计算机中的全部信息，包括输入的原始数据、计算机程序、中间运行结果和最终运行结果都保存在存储器中。它根据控制器指定的位置存入和取出信息。有了存储器，计算机才有记忆功能，才能保证正常工作。按用途，存储器可分为主存储器（内存）和辅助存储器（外存），也有分为外部存储器和内部存储器的分类方法。外存通常是磁性介质或光盘等，能长期保存信息。内存是指主板上的存储部件，用来存放当前正在执行的数据和程序，但仅用于暂时存放程序和数据，关闭电源或断电，数据会丢失。

2．实验步骤

（1）键盘的分区如图1.35所示。

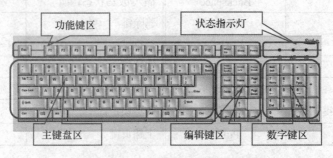

图1.35　键盘的分区

主键盘区由 61 个键位组成，共包含 26 个字母、10 个数字键、21 个符号键和 14 个控制键，是键盘的主体部分，用于输入数字、文字和符号等。

功能键区是键盘最上面的一排键位，主要用于完成一些特殊的任务和工作。

编辑键区位于主键盘区的右侧，主要功能是移动光标，包括插入字符开关键、删除键、行首键、行尾键、上翻页键、下翻页键和光标移动键。

数字键区位于编辑键区的右侧，主要用于输入数字以及加、减、乘、除等运算符号。

（2）常用的键及其功能如下。

退格键（Backspace）：在打字键区的右上角。每按一次该键，就删除当前光标位置前的一个字符。

回车键（Enter）：用户输入完一段文字后，按下该键，即另起一新的段落；或在输入完一个命令后，按下该键，表示确认命令并执行。

上挡键（Shift）：进行上下挡切换，一般用来输入符号。例如，"*"和"8"在同一个键上，直接按下该键，输入的是"8"，按下"Shift"键的同时按下"*"键，输入的是"*"。如果按住"Shift"键不放，再按下字母键，也可进行大小写转换。

制表键（Tab）：使光标向左或向右移动一个制表符的距离（默认为 8 个字符）。

空格键（Space）：在打字键区最下方，是最长的一个键。每按一次该键，将在当前光标的位置上空出一个字符的位置。

Windows 开始菜单键：标有 Windows 图标的键，任何时候按下该键都将弹出【开始】菜单。

插入/改写转换键（Insert）：按一次该键，进入字符插入状态；再按一次，则取消字符插入状态，进入字符改写状态，默认为插入状态。

删除键（Delete）：按一次该键，可以把当前光标所在位置后面的字符删除掉。

行首键（Home）：按一次该键，光标会移至当前行的开头位置。

行尾键（End）：按一次该键，光标会移至当前行的末尾。

上翻页键（Pg Up）：按一次该键，显示上一页的内容。

下翻页键（Pg Dn）：按一次该键，显示下一页的内容。

取消键（Esc）：该键一般被定义为取消当前操作或退出当前窗口。

屏幕硬复制键（Print Screen）：按下该键可以将计算机屏幕的显示内容复制到剪贴板上；按下"Alt+Print Screen"组合键可将当前窗口的显示内容复制到剪贴板上，供其他程序使用。

大写字母锁定键（Caps Lock）：在打字键区的左边。该键是一个开关键，用来转换字母的大小写状态。

"Ctrl"键和"Alt"键：这两个键必须和其他键配合才能实现各种功能，这些功能可以在操作系统或其他应用软件中设定。

（3）登录 Windows 操作系统，选择【开始】→【所有程序】→【附件】→【记事本】命令，打开"记事本"，按要求输入文本。单击【保存】按钮，在弹出的【保存为】对话框中将文件名设为"ex1.txt"。

（4）使用微软拼音输入法输入文字。

操作步骤如下。

① 打开记事本，然后切换输入法为"微软拼音-新体验 2010"，输入表 1.5 中的内容即可。

② 输入完成后，保存为"ex2.txt"。

微软拼音输入法和搜狗拼音输入法均支持简拼输入和混拼输入。

简拼输入：取各个音节的第 1 个字母组成，对于包含 zh、ch、sh 的音节，也可以取前两个字母组成，如表 1.5 所示。

表 1.5　简拼输入举例

汉　　字	全　　拼	简　　拼
计算机	jisuanji	jsj
长城	changcheng	cc, cch, chc, chch

混拼输入：混拼即输入两个音节以上的词语时，有的音节全拼，有的音节简拼，如表 1.6 所示。

表 1.6　混拼输入举例

汉字	全拼	混拼
金沙江	jinshajiang	jinsj 或 jshaj

（5）使用搜狗拼音输入法输入文字。

除了使用"Shift"键切换输入状态以外，搜狗输入法还支持按"Enter"键输入英文。在输入较短的英文时使用此方法能省去切换到英文输入状态下的麻烦，具体操作如下。

切换到搜狗拼音输入法的中文输入法状态，然后在写字板中输入表 1.6 中的内容到记事本中。输入汉字时与使用微软拼音输入法类似，输入完成后，保存为"ex3.txt"。

Windows Vista 默认的是英文输入状态。如果需要切换到其他输入法状态，有以下几种方法。

切换中/英文输入状态：按"Ctrl+空格"组合键即可切换中/英文输入状态。

逐个切换输入法：按"Shift+Ctrl"组合键可逐个切换输入法。除此之外，还可以单击语言栏中的输入法图标，然后选择需要的输入法即可。

打字时坐姿要端正，姿势不正确会影响键盘指法的正确掌握，时间长了会使人感觉疲乏。

●　正确的键盘操作姿势

①　座椅高度合适，坐姿端正自然，两脚平放，全身放松，上身挺直并稍微前倾。

②　两肘贴近身体，下臂和手腕向上倾斜，与键盘保持相同的斜度；手指略弯曲，指尖轻放在基本键位上，左右手的大拇指轻轻放在空格键上。

③　按键时，手抬起，伸出要按键的手指按键；按键要轻巧，用力要均匀。

④　稿纸宜置于键盘的左侧或右侧，便于视线集中在稿纸上。

姿势要领：挺—上身挺直；松—身体放松；稳—手臂放稳；轻—手指轻放；专—双目专视。

● 正确的指法

指法是指按键的手指分工。键盘的排列是根据字母在英文打字中出现的频率而精心设计的，正确的指法可以提高手指击键的速度，同时也可提高文字的输入速度。

① 基准键与手指的对应关系。基准键与手指的对应关系如图1.36所示。

基准键位：字母键第二排"A""S""D""F""J""K""L"";"8个键为基准键位。

② 键位的指法分区。在基准键的基础上，其他字母、数字和符号与8个基准键相对应，指法分区如图1.37所示。虚线范围内的键位由规定的手指管理和击键，左右外侧的剩余键位分别由左右手的小拇指来管理和击键，空格键由大拇指负责。

图1.36　基准键与手指的对应关系

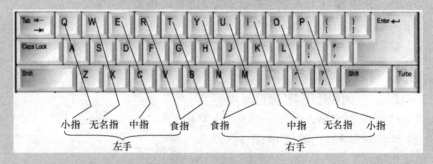

图1.37　键位指法分区图

● 击键方法

① 手腕平直，保持手臂静止，击键动作仅限于手指。

② 手指略微弯曲，微微拱起，以"F"与"J"键上的凸出横条为识别记号，左右手食指、中指、无名指、小指依次置于基准键位上，大拇指则轻放于空格键上，在输入其他键后手指重新放回基准键位。

③ 输入时，伸出手指敲击按键，之后手指迅速回归基准键位，做好下次击键准备。如需按空格键，则用大拇指向下轻击；如需按"Enter"键，则用右手小指侧向右轻击。

④ 输入时，目光应集中在稿纸上，凭手指的触摸确定键位，初学时尤其不要养成用眼确定指位的习惯。

（6）指法练习软件"金山打字通"。打字练习软件的作用是通过在软件中设置的多种打字练习方式，使练习者由键位记忆到文章练习并掌握标准键位指法，提高打字速度。目前，可用的打字软件较多，下面仅以"金山打字通"为例做简要介绍，以说明打字软件的使用方法，如使用其他打字软件，可由指导老师介绍使用。

单元二
计算机网络基础

实验一　IE 浏览器的基本操作

一、实验目的

（1）掌握 IE 浏览器的打开和关闭方法。

（2）掌握使用 IE 浏览器浏览网页的方法及快速浏览网页的设置。

（3）正确查看 IE 浏览器中历史记录与收藏夹的使用。

（4）掌握网页的保存、复制与打印等操作方法。

二、实验内容及步骤

1．打开、关闭和使用 IE 浏览器

（1）打开 IE 浏览器，输入北京大学的主页地址 "www.pku.edu.cn"。

（2）浏览网页，然后关闭 IE 浏览器。

操作步骤如下。

（1）双击 Windows 7 操作系统桌面上的 IE 浏览器图标，或者选择【开始】→【所有程序】→Internet Explorer 菜单项，打开 IE 浏览器。在浏览器的地址栏中输入北京大学的主页地址"http://www.pku.edu.cn"。

（2）输入地址后，按回车键，可浏览网页。关闭浏览器常用的方法有以下几种：单击浏览器窗口标题栏中的【关闭】按钮；或者将鼠标指针指向地址栏上方的空白处，单击鼠标右键，在弹出的快捷菜单中选择【关闭】命令；或者选择【文件】→【关闭】命令；或者按 "Alt+F4"键，也可以关闭 IE 浏览器窗口。

2．使用 IE 浏览器浏览网页

（1）打开北京大学主页，练习停止、刷新和翻页等操作。

（2）对要查看的链接网页使用多窗口浏览，使用全屏方式浏览网页。

操作步骤如下。

（1）打开北京大学的主页，单击网页中的超链接对象，浏览其他网页。当网页在下载显示的过程中，单击【地址栏】中的【停止】按钮，可停止网页的下载显示；单击【刷新】按钮，可以重新下载当前网页；单击【前进】和【后退】按钮，可以翻看曾经浏览过的网页；单击【主页】按钮，可以使 IE 浏览器显示默认的主页。

（2）将鼠标指向网页中要浏览内容的超链接对象，然后单击鼠标右键，在弹出的快捷菜单

中选择【在新窗口中打开】命令，浏览的内容将在新打开的窗口中显示；单击鼠标右键，在弹出的快捷菜单中选择【在新选项卡中打开】命令，则浏览的内容将在新打开的选项卡界面中显示；选择【查看】→【全屏】命令，实现全屏方式浏览网页。

3．网页的快速浏览

（1）加快网页的显示速度。

（2）快速显示以前浏览过的网页。

操作步骤如下。

（1）在 IE 浏览器窗口的菜单栏中选择【工具】→【Internet 选项】命令。在【Internet 选项】对话框的【高级】选项卡中，取消【显示图片】、【播放网页中的声音】或【播放网页中的视频】复选框的选中状态，可加快页面的浏览速度。

（2）在 IE 浏览器窗口的菜单栏中选择【工具】→【Internet 选项】命令。选择【Internet 选项】对话框的【常规】选项卡，在【浏览历史记录】栏中，单击【设置】按钮，在【要使用的磁盘空间】变数框中设置更多的空间来存储曾经浏览过的网页。

4．历史记录查看与收藏夹设置

（1）通过"历史记录"浏览以前看过的北京大学主页记录。

（2）在"收藏夹"中新建文件夹"大学"；将北京大学主页收藏到"大学"文件夹中；使用收藏夹浏览北京大学主页。

操作步骤如下。

（1）打开 IE 浏览器，单击【查看收藏夹、源、历史记录】按钮，在弹出的列表中选择【历史记录】选项卡，然后单击其中的日期记录。在展开的记录中，寻找北京大学的网站记录，单击该记录。在展开的网页中，单击北京大学主页记录。

（2）单击【查看收藏夹、源、历史记录】按钮，在弹出的列表中，单击【添加到收藏夹】按钮旁边的黑三角按钮。在弹出的菜单中，选择【整理收藏夹】命令。然后，在弹出的【整理收藏夹】对话框中单击【新建文件夹】按钮，为文件夹输入名字"大学"，单击【关闭】按钮，完成在收藏夹中新建文件夹"大学"的操作。打开北京大学主页，单击【查看收藏夹、源、历史记录】按钮，在弹出的列表中单击【添加到收藏夹】按钮，在弹出的【添加收藏】对话框中单击【收藏夹】按钮，在展开的列表中选择"大学"文件夹，单击【添加】按钮，完成主页的收藏。打开 IE 浏览器，单击【查看收藏夹、源、历史记录】按钮，在弹出的列表中，选择【收藏夹】选项卡，单击"大学"文件夹下的"北京大学"记录，则会在浏览器中下载并显示北京大学主页。

5．网页的保存、复制与打印

（1）打开北京大学的主页，保存其中的校名图片，并复制其中新闻部分的文本内容到记事本中；在 IE 中打印该主页。

（2）保存网页为"Web 档案，单个文件（*.htm）"。

（3）将信息从当前页复制到文档。

（4）将 IE 页面中的图片作为桌面墙纸。

操作步骤如下。

（1）浏览北京大学主页，将鼠标指针指向主页左上角的校名"北京大学"，单击鼠标右键，在弹出的快捷菜单中选择【图片另存为】命令，在弹出的【另存为】对话框中选择相应的目录，然后单击【保存】按钮予以保存。用鼠标选择要复制的新闻内容，使文字呈现反显状态，单击鼠标右键，在弹出的快捷菜单中选择【复制】命令，然后打开【记事本】程序，选择【编辑】→【粘贴】命令。选择 IE 浏览器中的【文件】→【打印】命令，或者单击【工具】按钮展开列表中的【打印】命令，在展开的级联菜单中选择【打印】命令，都将弹出【打印】对话框，单击其中的【打印】按钮。

（2）使用浏览器打开要保存的网页，然后选择 IE 浏览器中的【文件】→【另存为】命令，或者单击【工具】按钮展开列表中的【文件】命令，在展开的级联菜单中选择【另存为】命令，都将弹出【保存网页】对话框。在该对话框中展开【保存类型】下拉列表，选择其中的"Web档案，单个文件（*.htm）"，然后单击【确定】按钮。

（3）选择要复制的信息，如果要复制整页的内容，选择菜单【编辑】→【全选】命令（或者按"Ctrl+A"键），选择菜单【编辑】→【复制】命令，打开要放置复制内容的文档，然后在文档窗口中选择菜单【编辑】→【粘贴】命令，即可完成信息的复制。

（4）选择浏览器中包含图片的页面，在图片上单击鼠标右键，在快捷菜单中选择【设置为背景】命令。

实验二　设置 IE 浏览器的选项

一、实验目的

（1）掌握 IE 浏览器的常规设置方法。

（2）掌握代理服务器的设置方法。

（3）掌握脱机浏览与快速浏览的设置方法。

（4）掌握浏览器的安全访问网页的设置方法。

（5）掌握个人信息的设置方法。

（6）掌握网页浏览的高级设置方法。

二、实验内容及步骤

1．常规设置

（1）打开 IE 浏览器，设置浏览器主页地址为"http://www.baidu.corn"，设置 Internet 临时文件夹的磁盘空间为 600MB，设置网页在历史记录中保留的天数为 30 天。

（2）设置浏览器访问过的链接文本的颜色为红色，未访问过的链接文本的颜色为蓝色；设置浏览器的文本字体为隶书。

操作步骤如下。

（1）打开 IE 浏览器窗口，单击【工具】按钮图标，选择【Internet 选项】命令，在打开的【Internet 选项】对话框中选择【常规】选项卡，在【主页】栏的【地址】文本框中输入"http://www.baidu.com"；在【浏览历史记录】栏中单击【设置】按钮，在弹出的【Internet 临时文件和历史记录设置】对话框中，将光标定位到【要使用 Internet 文件】栏的【要使用的磁盘空间】变数框，在其中输入"600"，然后单击【确定】按钮。在【Internet 临时文件和历史记录设置】对话框的【历史记录】栏中，将变数框的数值设为"30"。

（2）单击【工具】按钮，选择【Internet 选项】命令，打开【Internet 选项】对话框。选择【常规】选项卡，单击【外观】栏中的【颜色】按钮，在弹出的【颜色】对话框中，取消【使用 Windows 颜色】复选框的勾选。单击【访问过的：】颜色按钮，在新弹出的对话框中选择桃红色；在【颜色】对话框中单击【未访问的：】颜色按钮，在新弹出的对话框中选择橘红色。在【Internet

选项】对话框中选择【常规】选项卡，单击其中的【字体】按钮，在弹出的【字体】对话框中选择【纯文本字体：】为隶书。

2．设置代理服务器

设置浏览器使用代理服务器访问 Internet，假设参数为：代理服务器地址是 10.10.10.1，端口号是 8000，对本地地址不使用代理服务器。

操作步骤如下。

单击【工具】按钮图标，选择【Internet 选项】命令，打开【Internet 选项】对话框。选择【连接】选项卡，单击其中的【局域网设置】按钮，在弹出的【局域网（LAN）设置】对话框中，选择【代理服务器】栏中的【为 LAN 使用代理服务器】选项，在【地址】和【端口】的文本框中分别输入"10.10.10.1"和"8000"，再选择【对本地地址不使用代理服务器】选项。

3．使用脱机浏览与快速浏览

（1）在浏览了相应的网页后，断开网络连接，使用脱机浏览方式浏览刚才看过的网页。

（2）设置浏览器在浏览网页过程中不显示图片，只显示网页文本，以加快浏览的速度。

操作步骤如下。

（1）浏览北京大学主页。在浏览了几个网页之后，选择 IE 浏览器的【文件】→【脱机工作】命令；或者在命令栏中选择【工具】→【脱机工作】命令，都将使浏览器断开网络连接。然后，使用【地址】栏前面的前进和后退按钮浏览刚才浏览过的网页。

（2）打开 IE 浏览器窗口，单击【工具】按钮，选择【Internet 选项】菜单命令，在弹出的【Internet 选项】对话框中选择【高级】选项卡。在【设置】列表框中，选择【多媒体】列表项，将该项中【显示图片】前面的"√"去掉，则在网页浏览的过程中不会下载图片信息。

4．设置网页安全浏览

设置浏览器选项，使浏览器在浏览网页时不运行脚本程序，以实现安全浏览网页。

操作步骤如下。

打开 IE 浏览器窗口，单击【工具】按钮，选择【Internet 选项】菜单命令，在弹出的【Internet 选项】对话框中选择【安全】选项卡，单击其中的【自定义级别】按钮。在弹出的【安全设置-Internet 区域】对话框中，选择【设置】框中的【ActiveX 控件和插件】下的【二进制和脚本行为】设置项，将其设置为"禁用"。再将【脚本】下的【Java 小程序脚本】和【活动脚本】分别设置为"禁用"。单击【确定】按钮回到【Internet 选项】对话框中，再单击【确定】按钮。

5．设置个人信息

设置 IE 浏览器去掉自动记录表单和表单上的用户名和密码的功能，并将 IE 浏览器已经记录的表单和密码清除。

操作步骤如下。

打开 IE 浏览器窗口，单击【工具】按钮，选择【Internet 选项】菜单命令，在弹出的【Internet 选项】对话框中选择【内容】选项卡，单击【自动完成】栏中的【设置】按钮，在弹出的【自动完成设置】对话框中，单击【删除自动完成历史记录】命令按钮，在弹出的【删除浏览的历史记录】对话框中，选择【表单数据】和【密码】两个选项，单击【删除】按钮来清除已经记录的信息。单击【确定】按钮回到【Internet 选项】对话框中，再单击【确定】按钮完成设置。选择菜单栏中的【工具】→【删除浏览的历史记录】命令，也可清除已经记录的信息。

6．网页浏览的高级设置

（1）设置 IE 浏览器的选项，使浏览器显示的网页中，所有设置为超链接的对象在网页中从不加下画线。

（2）设置 IE 浏览器的选项，使浏览器使用完毕后自动清除历史记录。

（3）设置 IE 浏览器的选项，使浏览器启用联机自动完成功能。

操作步骤如下。

（1）打开 IE 浏览器窗口，单击【工具】按钮，选择【Internet 选项】菜单命令，在弹出的【Internet 选项】对话框中选择【高级】选项卡，找到【设置】内容中【浏览】下的【给链接加下画线的方式】，将其设置为"从不"，单击【确定】按钮结束设置。

（2）打开 IE 浏览器窗口，单击【工具】按钮，选择【Internet 选项】菜单命令，在弹出的【Internet 选项】对话框中选择【高级】选项卡，在【设置】内容中选择【安全】下的【关闭浏览器时清空"Internet 临时文件"文件夹】选项，单击【确定】按钮结束设置。

（3）打开 IE 浏览器窗口，单击【工具】按钮，选择【Internet 选项】菜单命令，在弹出的【Internet 选项】对话框中选择【高级】选项卡，在【设置】内容中选择【浏览】下的【打开 Internet Explorer 地址栏和"打开"对话框中使用直接插入自动完成功能】复选框，单击【确定】按钮结束设置。

实验三　电子邮件 Outlook 的使用

一、实验目的

（1）掌握 Outlook 的参数设置方法。

（2）掌握 Outlook 的基本使用方法。

（3）掌握邮件的信纸、签名和附件的设置方法。

（4）掌握 Outlook 的邮件管理操作方法。

（5）掌握通讯簿的设置方法。

二、实验内容及步骤

1. Outlook 的参数设置

打开 Outlook，在其中设置邮件账号（用户已申请成功的账号，并要记录用户所使用的邮件发送服务器和接收服务器的 IP 地址或域名）。

操作步骤如下。

（1）打开 Outlook，单击【文件】按钮，在展开的列表中单击【信息】选项卡下的【添加账户】按钮，系统弹出【添加新账户】对话框。

（2）在【选择服务】窗口中选择【电子邮件账户】选项，单击【下一步】按钮。

（3）在【自动账户设置】窗口中选择【手动配置服务器设置或其他服务器类型】选项，然后单击【下一步】按钮。

（4）在【选择服务】窗口中选择【Internet 电子邮件】选项，然后单击【下一步】按钮。

（5）在【Internet 电子邮件设置】窗口中输入用户信息、服务器信息和登录信息，然后单击【测试账户设置…】按钮进行测试。

（6）测试成功后，单击【完成】按钮，完成邮件账户的设置。

2. Outlook 的基本使用

（1）打开 Outlook，接收和阅读邮件。

（2）打开一封邮件，并对其进行转发或者回复。

（3）撰写一封新的邮件并发送，同时将该邮件抄送给其他人。

操作步骤如下。

（1）运行 Outlook，程序要求输入用户名和密码，会自动接收邮件服务器上的邮件和发送【发件箱】中的邮件，也可以单击【发送和接收】选项卡，在【发送和接收】栏中，单击【发送和接收所有文件夹】选项。要阅读邮件，可双击导航窗格中的邮箱地址文件夹，在展开的文件夹列表中，单击"收件箱"子文件夹，这时导航窗格旁边的文件夹内容窗格中会显示已阅读或未阅读的邮件。单击其中某一封邮件，则邮件内容会在阅读窗格中显示出来。

若要仔细阅读某封邮件，可双击该邮件，此时将弹出一个新的窗口，新的窗口中包括了发件人的姓名、电子邮件地址、发送的时间和主题以及收件人的姓名等，在下面的显示区中显示信件内容。

（2）运行 Outlook，选择要转发或者回复的邮件，单击【开始】选项卡，在【响应】栏中单击【答复】选项，在弹出的新窗口中输入答复的内容，然后发送即可；若要转发，则单击在【响应】栏中的【转发】选项，在弹出的新窗口的【收件人】文本框中输入收件人的电子邮件地址，然后发送即可。

还可以用下述方法进行答复和转发：在邮件阅读窗口【邮件】选项卡的【响应】栏中单击【答复】选项或【转发】选项进行答复或转发；或者右键单击要转发或答复的邮件，在弹出的快捷菜单中选择【答复】或【转发】命令。

（3）运行 Outlook，在 Microsoft Outlook 窗口中选择【开始】选项卡，在弹出的功能区的【新建】栏中，单击【新建电子邮件】按钮，将弹出一个【邮件】窗口。在【邮件】窗口中的【收件人】框中填入收件人的邮件地址，在【抄送】文本框中输入要抄送给的收件人的邮件地址，多个地址之间用分号隔开；在【主题】框中输入邮件主题；在邮件编辑框中输入邮件的内容，单击【发送】按钮发送信件。

3．邮件的信纸、签名和附件设置

（1）打开 Outlook，撰写一封邮件，并为邮件添加信纸和附件。

（2）设置签名【此致，敬礼!】和发件人的姓名，并在新写的邮件中使用签名。

操作步骤如下。

（1）运行 Outlook，选择【文件】选项卡，单击【选项】按钮，在弹出的【Outlook 选项】窗口中，选择左侧列表中的【邮件】选项卡，在【撰写邮件】栏中选择【信纸和字体】按钮，在弹出的【签名和信纸】对话框的【个人信纸】选项卡中，单击【主题】按钮，在弹出的【主题和信纸】对话框中选择一种主题即可。

在新邮件编辑窗口中选择【插入】选项卡，然后单击【添加】栏中的【附加文件】按钮，在弹出的【插入文件】对话框中选择附加文件，然后单击【插入】按钮。

（2）在 Outlook 中，选择【文件】选项卡，单击【选项】按钮，在弹出的【Outlook 选项】窗口中选择左侧列表中的【邮件】选项卡，在【撰写邮件】栏中选择【信纸和字体】按钮，在弹出的【签名和信纸】对话框的【电子邮件签名】选项卡中，单击【新建】按钮，在弹出的对话框中输入名称，然后在【编辑签名】框中输入"此致，敬礼!"和发件人的姓名，单击【保存】按钮。

若要在新邮件中插入签名，则在新邮件编辑窗口中单击【插入】选项卡，然后单击【添加】栏中的【签名】按钮，在列表中选择一个签名的名称选项即可。

4．Outlook 的邮件管理操作

（1）删除收件箱中的指定邮件，清除所有已经删除的邮件。

（2）在"本地文件夹"中新建一个文件夹"朋友"，将收件箱中的朋友的邮件复制或者移动到"朋友"文件夹中。

操作步骤如下。

（1）打开【收件箱】，选择要删除的邮件，然后单击【开始】选项卡下的【删除】栏中的【删除】按钮；或者右键单击该邮件，在弹出的快捷菜单中选择【删除】命令。删除的邮件将被保存到"已删除邮件"文件夹中。要想彻底删除某封邮件，可在"已删除邮件"文件夹中选择该邮件，再次单击【删除】按钮。此时，Outlook 将给出提示信息"是否要永久地删除选定的项目"，若选择【是】，则邮件将被彻底删除。如果要清空整个"已删除邮件"文件夹，可右键单击"已删除邮件"文件夹，在弹出的快捷菜单中选择【清空文件夹】命令。

（2）运行 Outlook，右击导航栏中的【本地文件夹】，在弹出的快捷菜单中选择【新建文件夹】命令，系统弹出【创建文件夹】对话框，在该对话框中输入新建文件夹的名称"朋友"，单击【确定】按钮。

单击"收件箱"文件夹，选择要复制或者移动的邮件，将它们拖放到导航窗格中的目标文件夹中即可（拖放时按"Ctrl"键即可实现复制，不按"Ctrl"键即为移动）。也可以右键单击要移动的邮件，在弹出的快捷菜单中选择【移动】命令，在级联菜单中选择【其他文件夹】，将弹出一个【移动项目】对话框，选择目标文件夹，单击【确定】按钮即可实现邮件的移动。

5．通讯簿的设置

（1）在通讯簿中添加两个联系人"张明"和"孙燕"。

（2）在通讯簿中建立两个组"朋友"和"同学"，然后将前面创建的联系人"张明"添加到"朋友"组中，将"孙燕"添加到"同学"组中。

（3）给通讯簿中的联系人"张明"发送邮件；给通讯簿"同学"组中的所有人发送同一封邮件。

操作步骤如下。

（1）运行 Outlook，选择【开始】选项卡，在其功能区的【新建】栏中单击【新建项目】按钮，在展开的列表中选择【联系人】选项；或者在导航窗格中单击【联系人】选项，在【开始】选项卡的【新建】栏中单击【新建联系人】按钮，在弹出的【新建联系人】窗口中输入"张明"及其职务、昵称和邮件地址，邮件地址可输入多个，单击【保存并关闭】按钮。用同样的方法添加联系人"孙燕"。

（2）在 Outlook 窗口中，选择【开始】选项卡，在其功能区的【新建】栏中单击【新建项目】按钮，在展开的列表中选择【其他项目】→【联系人组】选项。或者在导航窗格中单击【联系人】选项，在【开始】选项卡的【新建】栏中单击【新建联系人组】按钮，在弹出的【新建联系人组】窗口中输入组名"朋友"。在该窗口的【联系人】选项卡的【成员】栏中单击【添加成员】按钮，在展开的列表菜单中选择【从通讯簿】命令。在打开的【选择成员：联系人】对话框中的联系人列表中选择联系人"张明"，然后单击【成员】按钮。若要添加多人，则每选择一位联系人就单击一下【成员】按钮。单击【确定】按钮完成联系人的添加。【同学】组的建立和向其中添加联系人"孙燕"的方法同上。

（3）在 Outlook 窗口中，在导航窗格中单击【联系人】选项，在右边的【文件夹内容】窗格中，右键单击联系人"张明"的名称图标，在弹出的快捷菜单中选择【创建】→【电子邮件】

命令，打开发邮件窗口，此时【收件人】文本框中显示的就是选择的联系人的名称。输入主题内容和邮件正文，单击【发送】按钮，完成向组中所有人发送邮件。给通讯簿【同学】组中的所有人发送邮件的方法同上，只是需要用鼠标右键单击【同学】组的名称图标。

实验四　计算机病毒的防治

一、实验目的

（1）掌握防火墙的设置方法，学会查杀木马、扫描系统漏洞和清理系统垃圾。

（2）了解杀毒软件的作用，学会使用杀毒软件进行计算机病毒的查杀。

（3）了解 Windows 系统中常规配置带来的安全隐患，学会修改 Windows 设置以提高系统的安全性。

二、实验内容及步骤

1．实验内容之一

（1）为电脑设置防火墙——网络个人防火墙金山卫士，设置每天首次启动金山卫士时自动进行体检。

（2）使用金山卫士对 C 盘进行木马查杀。

（3）使用金山卫士进行漏洞扫描并修复漏洞。

（4）使用金山卫士对系统的性能进行优化。

（5）使用金山卫士清理系统中的垃圾。

操作步骤如下。

（1）安装金山卫士。

① 进入金山卫士官网 http://www.ijinshan.com/，免费下载金山卫士 4.6，如图 2.1 所示。

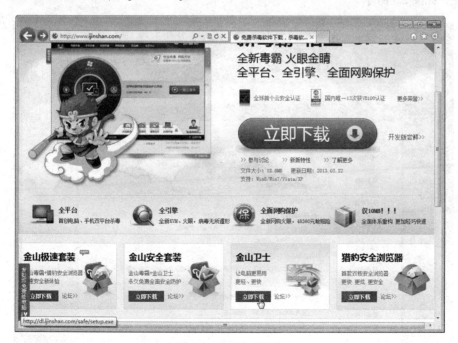

图 2.1　下载金山卫士

安装金山卫士，主界面如图 2.2 所示。

图 2.2　金山卫士主界面

② 单击【立即体检】按钮，检查计算机的异常。

③ 体检完成后，在右侧的【常用设置】组中单击"更多设置"链接，打开【设置】对话框，在【体检设置】下拉列表中选择【每天首次启动金山卫士后自动体检（推荐）】，然后单击【确定】按钮，如图 2.3 所示。

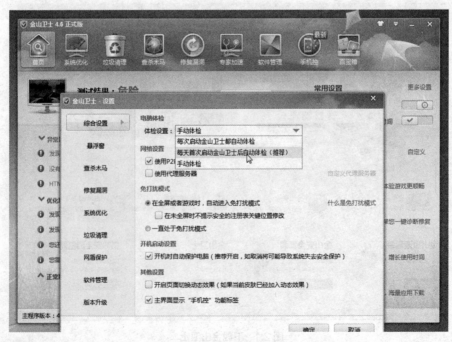

图 2.3　体检设置

（2）查杀木马。

① 在金山卫士主窗口中单击【查杀木马】按钮，切换到【木马查杀】界面，如图2.4所示。

图2.4 【木马查杀】界面

② 单击【自定义扫描】按钮，在打开的对话框中勾选【System（C）】复选框，单击【确定】按钮，如图2.5所示。

图2.5 选择要扫描的目录

③ 开始对系统盘进行木马扫描，同时显示扫描到的异常项，如图2.6所示。

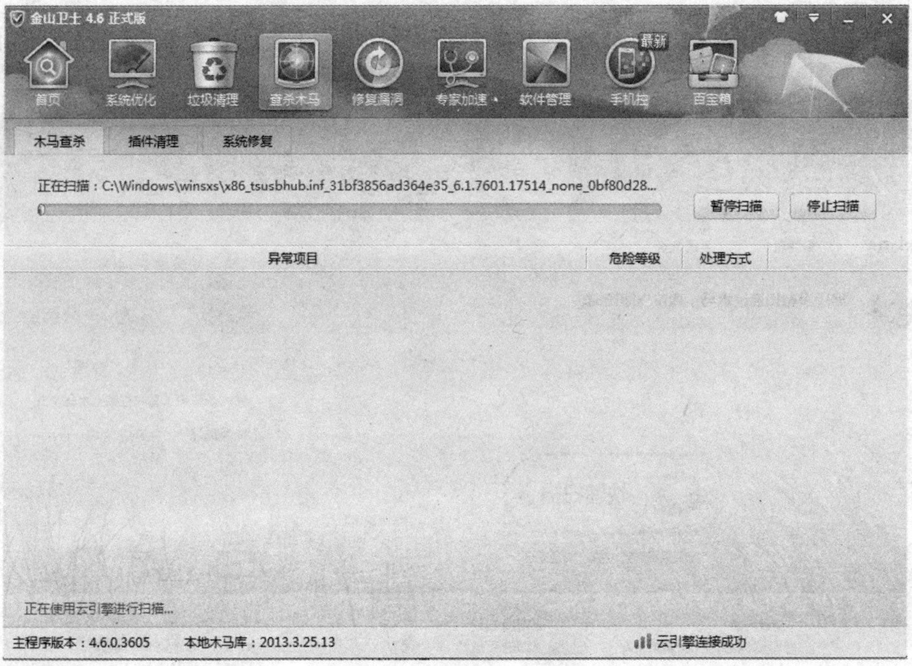

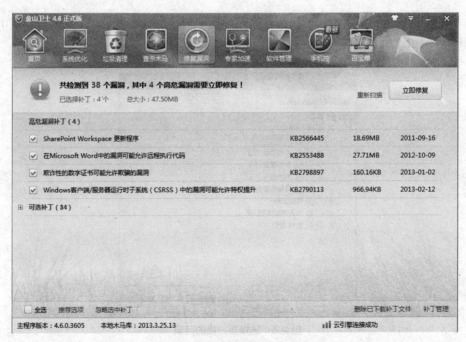

图 2.6　木马扫描过程

（3）修复漏洞。

① 单击【修复漏洞】按钮，切换到【漏洞修复】界面，金山卫士将自动扫描系统存在的漏洞并提供补丁，如图 2.7 所示。

图 2.7　扫描到的漏洞及提供的补丁

② 单击【立即修复】按钮，系统会自动修复所有选中的漏洞，如图 2.8 所示。

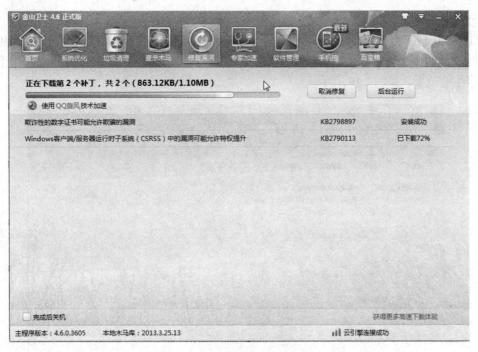

图 2.8 系统修复过程

（4）系统优化。

① 单击【系统优化】按钮，切换到【系统优化】界面，金山卫士将自动进行扫描，查找需要优化的内容，如图 2.9 所示。

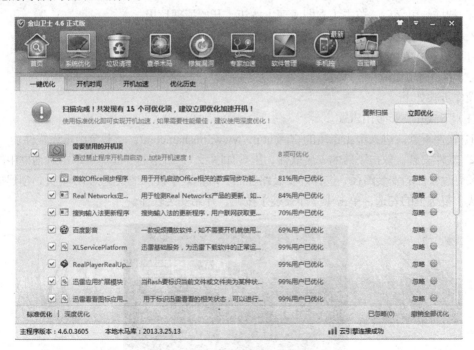

图 2.9 查找需要优化的内容

② 如果对某些项不想进行优化，可单击【忽略】按钮，然后单击【立即优化】按钮开始优化。

（5）清理垃圾。

① 单击【清理垃圾】按钮，切换到【一键清理】界面，其中有【清理垃圾】、【清理痕迹】、【清理注册表】3 个复选框，全部勾选，单击【一键清理】按钮，金山卫士即开始扫描上网、系统等产生的垃圾，如图 2.10 所示。

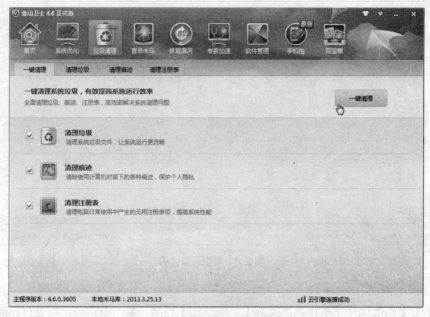

图 2.10　【一键清理】界面

② 扫描结束之后，单击【立即清理】按钮，开始清理垃圾。

2．实验内容之二

（1）下载并安装金山毒霸。

（2）使用金山毒霸进行一键云查杀。

操作步骤如下。

（1）下载并安装金山毒霸。

① 软件下载。进入金山毒霸的官网 http://www.ijinshan.com/，下载金山毒霸软件。

② 软件安装。双击下载的安装软件，出现如图 2.11 所示的界面。可单击对话框中的【浏览】来更改软件的安装路径，选择好安装路径后，取消对【设网址大全为 IE 主页，创建桌面快捷方式】复选框的勾选，单击【立即安装】按钮，开始安装软件。

图 2.11　安装界面

③ 程序安装进程结束后出现如图 2.12 所示的主界面。

图 2.12　金山毒霸主界面

（2）查杀威胁。

① 在主界面上单击【电脑杀毒】按钮，切换到查杀界面，如图 2.13 所示。

图 2.13　查杀界面

② 金山毒霸为用户提供了多种扫描方式，分别是一键云查杀、全盘查杀、指定位置查杀、强力查杀、U 盘查杀和防黑查杀。这里单击【一键云查杀】按钮。

③ 查杀过程如图 2.14 所示。

④ 查杀完成后显示查杀结果，如图 2.15 所示，单击【立即处理】按钮，对查找到的威胁

进行处理。

图 2.14　查杀过程

图 2.15　查杀结果

3．实验内容之三

（1）了解 Windows 防火墙，并根据需要进行设置。

（2）禁止"远程协助"，禁止自动播放功能。

（3）开启智能过滤，防止恶意站点。

操作步骤如下。

（1）设置 Windows 防火墙。

① 打开【控制面板】窗口，单击"系统和安全"链接，如图 2.16 所示。

图 2.16 【控制面板】窗口

② 单击"Windows 防火墙"，然后选择左侧的"打开或关闭 Windows 防火墙"，如图 2.17 所示。

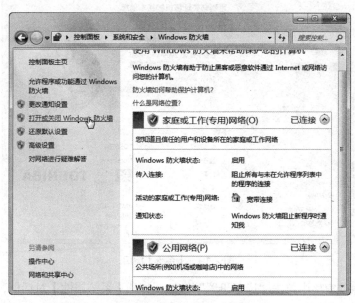

图 2.17 Windows 防火墙

③ 打开如图 2.18 所示的窗口，根据需要对防火墙进行设置，最后单击【确定】按钮。

（2）禁止"远程协助"及"远程桌面"，禁止自动播放功能。

① 在桌面上右键单击【计算机】快捷图标，在弹出的快捷菜单中选择【属性】命令，打开【系统】窗口，如图 2.19 所示。

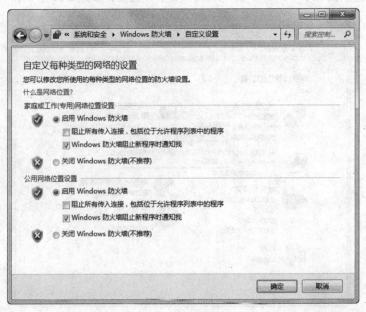

图 2.18 【自定义设置】窗口

图 2.19 【系统】窗口

    ② 在窗口左侧窗格中单击"远程设置"链接,打开【系统属性】对话框,切换到【远程】选项卡,取消对【允许远程协助连接这台计算机】复选框的勾选,如图 2.20 所示。最后单击【确定】按钮。

    ③ 打开【控制面板】窗口,单击"硬件和声音"链接,在打开的窗口中单击"自动播放"链接,如图 2.21 所示。

    ④ 在打开的窗口中取消对【为所有媒体和设备使用自动播放】复选框,如图 2.22 所示。然后根据具体情况,设置各种媒体的自动播放功能。最后单击【保存】按钮。

图 2.20 【系统属性】对话框

图 2.21 【硬件和声音】链接

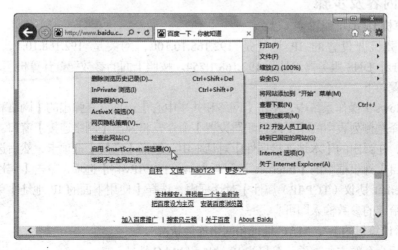

图 2.22 【工具】菜单

（3）开启智能过滤，防止恶意站点。

① 打开 IE 浏览器，在【工具】菜单中依次选择【安全】→【启用 SmartScreen 筛选器】命令，如图 2.22 所示。

② 在弹出的对话框中选中【启用 SmartScreen 筛选器（推荐）】单选按钮，如图 2.23 所示，然后单击【确定】按钮即可。

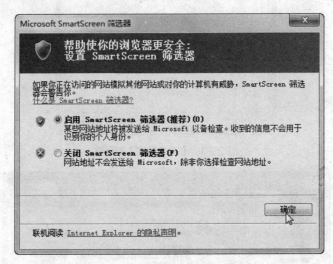

图 2.23 【Microsoft SmartScreen 筛选器】对话框

实验五 Internet 综合练习

一、实验目的

（1）掌握 IE 浏览器中网页浏览的操作、历史记录的查看与收藏夹的使用。

（2）掌握 IE 浏览器中网页保存、复制与打印的操作。

（3）掌握 IE 浏览器的常规与高级设置、安全访问网页、个人信息的设置方法。

（4）掌握 Outlook 的基本使用方法、签名和附件的设置方法。

二、实验内容及步骤

1．计算机 IP 地址配置

假设计算机要设置的 IP 地址是 192.168.10.100，网关是 192.168.10.1，子网掩码是 255.255.255.12，DNS 服务器地址是 192.168.1.254。按照上面的参数配置计算机。

操作步骤如下。

在 Windows 7 操作系统中，单击【网络和共享中心】选项，在弹出的【网络和共享中心】窗口中，选择左侧列表中的【更改适配器设置】命令，将弹出【网络连接】窗口。双击【本地连接】图标，在弹出的【本地连接属性】对话框中，选择【常规】选项卡，然后选择【此连接使用下列项目】列表框中的【Internet 协议版本 4（TCP/IPv4）】选项，单击【属性】按钮，在弹出的【Internet 协议（TCP/IP）属性】对话框中，选择【使用下面的 IP 地址】单选按钮，然后根据题目给定的参数输入即可。

2．查看计算机的 IP、MAC 地址和网络连接状况

（1）使用命令的方式查看计算机的 IP 地址和 MAC 地址。

（2）使用命令的方式测试网卡是否正常工作，检测网络的连接状况。

操作步骤如下。

（1）在 Windows 7 操作系统中，选择【开始】→【所有程序】→【附件】→【命令提示符】命令。在弹出的【命令提示符】窗口中，输入命令【ipconfig/a11】并按回车键，从显示的结果中查看计算机的 IP 地址和 MAC 地址。

（2）在 Windows 7 操作系统中，选择【开始】→【所有程序】→【附件】→【命令提示符】命令。在弹出的【命令提示符】窗口中，输入命令"ping 计算机 IP 地址"。如果显示如下相似内容："Reply from 169.254.12.246：bytes=32 time<1ms TTL=128"，则计算机网络地址设置正确。在【命令提示符】窗口中输入命令"ping 计算机网络设置中的网关 IP 地址"，如果显示与"ping 计算机 IP 地址"相似的内容，则说明网络连接状况良好；否则说明网络连接或配置有问题。

3．运行 IE 浏览器

（1）将北京大学的网址设置为浏览器的默认主页。

（2）打开主页，浏览其中的"网站地图"网页，并将该网页以文本文件的格式保存到 D 盘的 test 目录下，文件名为"网站地图.txt"。

（3）将浏览器设置为脱机查看。

操作步骤如下。

（1）运行 IE 浏览器，单击浏览器窗口中的【工具】按钮，选择【Internet 选项】选项，在打开的【Internet 选项】对话框中，选择【常规】选项卡，在其中【主页】栏的文本框中输入北京大学的主页域名地址 http://www.pku.edu.cn，单击【应用】按钮和【确定】按钮完成设置。

（2）单击浏览器【地址】栏右边的【主页】按钮，打开北京大学的网站首页，然后单击其中的"网站地图"，打开"网站地图"网页。单击【工具】按钮，选择菜单中的【文件】→【另存为】命令，在打开的【保存网页】对话框中选择目录 D:\test\，在【文件名】下拉列表框的文本框中输入文件名"网站地图"，在【保存类型】下拉列表框中选择【文本文件（*.txt）】，然后单击【保存】按钮完成文件的保存。

（3）选择浏览器菜单【文件】→【脱机工作】命令，或者单击命令栏中的【工具】→【脱机工作】，使浏览器断开网络连接，查看刚才浏览过的网页。

4．运行 IE 浏览器，并完成下面的操作

（1）打开北京大学主页，浏览"北大概况"中的"学校简介"网页。

（2）在收藏夹中创建一个文件夹"大学"，将上面的网页收藏到该文件夹中。

（3）选择网页左上角的"北京大学"校名的图片，并将该图片保存到 D 盘的"test"目录下，文件名为"北京大学校名图片.bmp"。

操作步骤如下。

（1）单击浏览器工具栏上的【主页】按钮，打开北京大学的网站首页，然后单击网页中的"交大概况"，在打开的菜单中选择"学校简介"，浏览器将显示"学校简介"网页。

（2）单击【查看收藏夹、源、历史记录】按钮，在弹出的列表中单击【添加到收藏夹】按钮旁边的黑三角按钮，在弹出的菜单中选择【整理收藏夹】命令。在【整理收藏夹】对话框中，单击【新建文件夹】按钮，为文件夹输入名字"大学"，单击【关闭】按钮。打开北京大学的主页，单击网页中的"交大概况"，在打开的菜单中选择"学校简介"，打开"学校简介"网页。单击【查看收藏夹、源、历史记录】按钮，在弹出的列表中，单击【添加到收藏夹】按钮，在

弹出的【添加收藏】对话框中，单击【收藏夹】按钮，在展开的列表中选择"大学"文件夹，单击【添加】按钮，完成主页的收藏。

（3）在"北京大学"主页中，将鼠标指向页面上端的图片"北京大学"，右键单击鼠标，在弹出的快捷菜单中选择【图片另存为】命令，在【保存图片】对话框中选择目录 D:\test\，输入文件名"北京大学校名图片"，选择保存类型为"位图"，单击【保存】按钮即可。

5．运行 IE 浏览器，并完成下面的操作

（1）设置网页在历史记录中保存 40 天。

（2）关闭网页浏览中的声音、动画和图片的播放和显示。

（3）设置 IE 浏览器中 Internet 的安全级别为高。

（4）清除所有的临时文件和历史记录。

操作步骤如下。

（1）打开 IE 浏览器窗口，单击【工具】按钮，选择【Internet 选项】菜单命令，在【Internet 选项】对话框的【浏览历史记录】栏中，单击【设置】按钮。在弹出的【Internet 临时文件和历史记录设置】对话框中，将【历史记录】栏中的【网页保存在历史记录中的天数】变数框的数值设为 40，单击【确定】按钮。

（2）打开 IE 浏览器窗口，选择【工具】按钮，单击【Internet 选项】菜单命令，在弹出的【Internet 选项】对话框中选择【高级】选项卡，在【设置】列表框中，找到【多媒体】选项，取消该选项中的 3 个子选项【在网页中播放声音】、【在网页中播放动画】和【显示图片】的勾选。单击【应用】按钮和【确定】按钮完成设置。

（3）在【Internet 选项】对话框中选择【安全】选项卡，在【该区域的安全级别】栏中，将滑块移动到最高，单击【应用】按钮和【确定】按钮完成设置。

（4）在【Internet 选项】对话框中选择【常规】选项卡，单击【浏览历史记录】栏中的【删除】按钮，在弹出的【删除浏览的历史记录】对话框中，选择【Internet 临时文件】和【历史记录】复选框，单击【删除】按钮将其清除。或者单击【工具】按钮，选择【安全】→【删除浏览的历史记录】命令，也将打开【删除浏览的历史记录】对话框。

6．运行 IE 浏览器，并完成下面的操作

（1）浏览百度搜索网站的主页。

（2）搜索包含"姚明"或者包含"休斯敦火箭队"的网页，浏览其中有姚明照片的网页，并将姚明的照片打印出来。

操作步骤如下。

（1）打开 IE 浏览器窗口，在浏览器地址栏的文本框中输入"http://www.baidu.com/"，然后按回车键。

（2）在百度搜索网站主页的【搜索】文本框中输入"姚明 and 休斯敦火箭队"，或者输入"姚明 休斯敦火箭队"（在"姚明"和"休斯敦火箭队"之间加空格），然后按回车键。单击搜索结果中的一个，在打开的网页中右击姚明的照片，在弹出的快捷菜单中选择【打印图片】命令，然后在【打印】对话框中选择正确的打印机，单击【打印】按钮。

7．按照下列要求，利用 Outlook 发送邮件

（1）收件人是你自己的信箱，抄送给你的一个朋友，主题是"学习 Outlook"，邮件内容是"我正在学习 Outlook，有问题会向你请教的！你的朋友：小田"。

（2）将实验内容 4 中保存的图片作为附件一起发送过去。

操作步骤如下。

（1）运行 Outlook，在 Outlook 窗口中选择【开始】选项卡，在弹出的功能区的【新建】栏中单击【新建电子邮件】按钮，在【邮件】窗口中的【收件人】框中输入邮件地址，在【抄送】文本编辑框中输入朋友的电子邮件地址，在【主题】文本框中输入该邮件的主题"学习 Outlook"，在下面的邮件内容编辑区中输入邮件内容"我正在学习 Outlook，有问题会向你请教的！你的朋友：小田"。

（2）在【邮件】窗口中，单击【插入】选项卡，单击【添加】栏中的【附加文件】按钮，在弹出的【插入文件】对话框中，选择曾经保存的图片，然后单击【插入】按钮。最后单击【发送】按钮，将邮件发送出去。

8．按照下列要求完成操作

（1）利用 Outlook 接收并阅读一个已收到的邮件。

（2）把该邮件转发给某个人，并应用信纸"自然"。

操作步骤如下。

（1）在实验内容 7 中发送邮件后，等待 1 分钟，单击【发送和接收】选项卡，在【发送和接收】栏中，单击【发送和接收所有文件夹】选项。或者单击【开始】选项卡，然后在【发送和接收】栏中，单击【发送和接收所有文件夹】选项。如果收到新的邮件，则 Outlook 直接显示【收件箱】中的全部邮件，单击其中黑色字体（表示还没有阅读过的邮件），信件的具体内容会显示在旁边的阅读窗格中，或者双击邮件，在弹出的窗口中将显示信件内容。

（2）选择要转发或者回复的信件，单击【开始】选项卡，在【响应】栏中单击【转发】选项，在弹出的窗口的【收件人】文本框中输入收件人的电子邮件地址；选择【文件】选项卡，单击【选项】按钮，在弹出的【Outlook 选项】窗口中选择左侧列表中的【邮件】选项卡，在【撰写邮件】栏中选择【信纸和字体】按钮，在弹出的【签名和信纸】对话框的【个人信纸】选项卡中单击【主题】按钮，在弹出的【主题和信纸】对话框中选择一种主题，单击【确定】按钮。单击【邮件】选项卡，回到转发邮件编辑窗口中发送邮件。

9．按照下列要求完成操作

（1）设置签名"让生命中的每一天都充满阳光。你的朋友：小李"。签名的名字为"小李"。

（2）设置 Outlook 的选项，使发送邮件时采用纯文本格式。

（3）在 Outlook 中设置"每 20 分钟检查一次新邮件"。

（4）设置 Outlook 在发送电子邮件时不在"已发送邮件"文件夹中保存已发送邮件的副本。

（5）在 Outlook 的通讯簿中建立一个名为"同事"的组。

操作步骤如下。

（1）运行 Outlook，选择【文件】选项卡，单击【选项】按钮，在弹出的【Outlook 选项】窗口中选择左侧列表中的【邮件】选项卡，在【撰写邮件】栏中选择【签名】按钮，在弹出的【签名和信纸】对话框的【电子邮件签名】选项卡中，单击【新建】按钮，在弹出的对话框中输入"小李"，单击【确定】按钮，然后在【编辑签名】框中输入文字"让生命中的每一天都充满阳光。你的朋友：小李"，单击【保存】按钮。

（2）在 Outlook 程序的新建邮件窗口中，选择【设置文本格式】选项卡，选择【格式】栏中的【Aa 纯文本】按钮命令。

（3）在 Outlook 程序窗口中，单击【发送/接收】选项卡，选择【发送和接收】栏中的【发送/接收组】命令，在展开的列表中选择【定义发送/接收组】命令。在打开的【发送和接收组】

对话框中，选择【组"所有账户"的设置】栏中的【安排自动发送/接收的时间间隔为】复选框，并将变数框中的数字设为20，单击【关闭】按钮完成设置。

（4）运行 Outlook，在 Outlook 程序窗口中选择【文件】选项卡，单击【选项】按钮，在弹出的【Outlook 选项】窗口中选择左侧列表中的【邮件】选项卡，在【保存邮件】栏中取消【在"已发送邮件"文件夹中保留邮件副本】复选框的勾选，使该选项不被选择。单击【确定】按钮完成设置。

（5）在 Outlook 程序窗口中，单击【开始】选项卡，在其功能区的【新建】栏中，单击【新建项目】按钮。在展开的菜单列表中选择【其他项目】→【联系人组】命令；或者在导航窗格中单击【联系人】选项，在【开始】选项卡的【新建】栏中单击【新建联系人组】按钮，在弹出的【新建联系人组】窗口中输入组名"同事"。单击【保存并关闭】按钮完成设置。

10．按照要求完成下面的操作

（1）一次性清除"已删除邮件"文件夹中的所有文件。

（2）使用 Outlook 程序离线写信，主题是 test，发送地址为 lyy@hotmail.com，并将此信件抄送给 ww@hotmail.com，最后将该信件保存在发件箱中。

操作步骤如下。

（1）运行 Outlook 程序，在【文件夹】窗格中，右键单击【已删除邮件】文件夹，在弹出的快捷菜单中选择【清空文件夹】命令。或者选择【已删除邮件】文件夹，单击【文件夹】选项卡，选择【清理】栏中的【清空文件夹】命令。

（2）在 Outlook 程序窗口中选择【发送/接收】选项卡，单击【首选项】栏中的【脱机工作】按钮，实现 Outlook 脱机工作。选择【开始】选项卡，单击【新建】栏中的【新建电子邮件】按钮，在弹出的【邮件】窗口中，输入【收件人】为"lyy@hotmail.tom"，输入【抄送】为"1ww@hotmail.com"，输入主题内容"test"，单击【发送】按钮，则邮件自动保存在【发件箱】文件夹中。

实验一　Windows 基本操作及文件和文件夹的管理

一、实验目的

（1）掌握文件和文件夹的建立和属性设置方法。

（2）掌握文件和文件夹的搜索方法。

（3）掌握文件和文件夹的复制、剪切和粘贴操作方法。

（4）掌握快捷方式的建立、使用和删除方法。

（5）掌握【开始】菜单的定制方法。

（6）掌握命令行方式的使用方法。

二、实验内容及步骤

1．文件和文件夹的建立

（1）在 D 盘（或 E 盘）根目录下建立"姓名学号"文件夹，在该文件夹下建立"文档 1"和"文档 2"两个子文件夹。

操作步骤如下。

① 选择【开始】菜单中的【计算机】命令，或者双击桌面上的【计算机】图标。

② 在打开的【计算机】窗口中选中逻辑盘 D（或 E），并打开（双击逻辑盘 D（或 E）的盘符）。

③ 在窗口【D：\】的空白区单击鼠标右键，在弹出的快捷菜单中选择【新建】→【文件夹】命令，并输入文件夹的名字"姓名学号"（学生自己的姓名和学号）。

④ 在刚建立的"姓名学号"文件夹中，用同样的方法建立"文档 1"和"文档 2"两个文件夹。

（2）在"文档 1"文件夹下建立一个名为"学习"的文本文件。

操作步骤如下。

① 双击"文档 1"文件夹，打开该文件夹窗口，在空白区单击鼠标右键。

② 在弹出的快捷菜单中选择【新建】→【文本文件】命令，并输入文本文件的名字"文字处理"，【文件类型】选择【.txt 文本】。单击【确定】按钮。

 注意

　　如果当前窗口设置为【隐藏已知文件的扩展名】，则输入文件的名字后面不要带扩展名。

（3）在该文本文件中输入一段文字，内容为"文字处理"。

操作步骤如下。

双击打开新建的"文字处理"文本文档，输入下列文字后，选择【文件】菜单→【保存】命令，并选择【文件】菜单→【退出】命令。

> 日常生活中，人们既不可能每时每刻去反省自己，也不可能总把自己放在局外人的地位来观察自己，于是只能借助外界信息来认识自己。正因如此，每个人在认识自我时很容易受外界信息的暗示，迷失在环境当中，并将他人的言行作为自己行动的参照。不论占星术还是算命，都是利用一种心理效应——巴纳姆效应（Barnum Effect）。巴纳姆是个有名的马戏艺人，他的成功秘诀只有一句话："永远要让每一个观众都感到自己若有所获"。他的节目之所以受欢迎，是因为节目中包含了每个人都喜欢的成分，所以每一分钟都有人"上当受骗"。算命、占星术及其他伪心理学都是在利用这种效应，怎么说都能让你听着有点道理。说的现象越带有普遍性，就越能让你佩服他们说得准，从而出现自我知觉的偏差，认为一种笼统的、一般性的人格描述十分准确地揭示了自己的特点。

2．文件和文件夹的属性设置

（1）在上面实验的基础上，设置"文档 1"文件夹为共享，所有用户都可以读取此文件夹中的信息。

操作步骤如下。

① 右击"文档 1"文件夹，并在弹出的快捷菜单中选择【共享】→【特定用户】命令。

② 在弹出的【文件共享】对话框中选择共享用户为 everyone，权限级别为【读取】，单击【共享】按钮。

（2）设置"文档 2"文件夹的属性为隐藏，设置"文档 1"文件夹下的"文字处理"文件为只读文件。

操作步骤如下。

① 右击"文档 2"文件夹，在打开的快捷菜单中选择【属性】命令，打开相应的对话框。

② 在对话框的【常规】选项卡中，选中【隐藏】复选框，单击【确定】按钮。

③ 打开"文档 2"文件夹，选中"文字处理"文件，右键单击该文件，在打开的快捷菜单中选择【属性】命令，打开相应的对话框。

④ 在对话框的【常规】选项卡中，选中【只读】复选框，并单击【确定】按钮。

3．搜索文件和文件夹

（1）在计算机中搜索文件名中包含字符串"window"的文件。

操作步骤如下。

打开【开始】菜单，在【开始】菜单的【搜索】框中填入"window"，【开始】菜单中便会显示出所有文件名中包含字符串"window"的所有文件。

（2）在计算机 D 盘（或 E 盘）中，搜索修改日期在"上星期"、文件扩展名为"docx"，文件大小不超过 100KB 的文件。将搜索结果保存到桌面，文件名为"find"。

操作步骤如下。

① 单击【开始】菜单中的【计算机】命令，在打开的【计算机】窗口中选中逻辑盘 D 并打开，在 D 盘窗口右上角的【搜索】框中输入"*.docx"，并添加搜索筛选器【修改日期：上星期；大小：10～60K】，这时右窗口中便会显示出 D 盘中修改日期在"上星期"、文件扩展名为"docx"、文件大小不超过 60KB 的所有文件。

② 单击菜单栏下的【保存搜索】按钮，在弹出的【另存为】对话框的左窗口中选择保存位置为【桌面】，文件名栏中输入"find"。

③ 单击【保存】按钮。

4．文档和文件夹的复制与移动

准备工作：在 C 盘根目录下建立"目标"文件夹，并在"文档 1"文件夹下建立几个文本文件。将"文档 2"文件夹复制到"目标"文件夹中；将"文档 1"文件夹下的所有文件复制到"目标"文件夹中。

操作步骤如下。

① 选中"文档 2"文件夹，按"Ctrl+C"组合键；再进入"目标"文件夹，按"Ctrl+V"组合键；或者单击"文档 2"文件夹，在按住"Ctrl"键的同时，用鼠标拖动"文档 2"文件夹到"目标"文件夹中。

② 双击"文档 1"，进入"文档 1"文件夹，按"Ctrl+A"组合键选中全部文件，再按"Ctrl+C"组合键；打开"目标"文件夹，按"Ctrl+V"组合键；或者打开文件夹，在"文档 1"文件夹中选中全部文件（按"Ctrl+A"组合键），然后在按住"Ctrl"键的同时，用鼠标拖动【文档 1】文件夹至"目标"文件夹中。

③ 单击"文档 1"文件夹，按"Ctrl+X"组合键；再进入"目标"文件夹，按"Ctrl+V"组合键；或者选中"文档 1"文件夹，按住"Shift"键的同时，用鼠标拖动"文档 1"文件夹到"目标"文件夹中。

5．创建和使用快捷方式

（1）在桌面上建立"扫雷"游戏的快捷方式。

操作步骤如下。

选择【开始】菜单中的【所有程序】→【游戏】→【扫雷】命令，单击鼠标右键，在弹出的快捷菜单中选择【发送到】→【桌面快捷方式】。

（2）用快捷方式进入该游戏程序。

操作步骤如下。

双击桌面上刚刚建立的快捷方式图标，即可进入【扫雷】程序。

6．【开始】菜单的定制

（1）设置【开始】菜单中不显示"游戏"项目和自动隐藏任务栏。

操作步骤如下。

① 单击【开始】菜单，找到"游戏"项目并单击鼠标右键，选择【隐藏】即可。

② 右击任务栏空白区，在弹出的快捷菜单中选择【属性】命令，打开【任务栏和开始菜单属性】对话框。

③ 在【任务栏】选项卡中，选中【自动隐藏任务栏】复选框，单击【确定】按钮。

（2）设置【开始】菜单中要显示的最近打开的程序的个数为 8，设置要显示在跳转列表中最近使用的项目数不超过 8。

操作步骤如下。

① 在【开始菜单】选项卡中，单击【自定义】按钮，弹出【自定义开始菜单】对话框。

② 在【自定义开始菜单】对话框中游戏项目下选择【不显示此项目】；在【开始菜单】下，设置【开始】菜单中要显示的最近打开的程序的个数为 8，要显示在跳转列表中最近使用的项目数为 8。

7．命令行的使用

通过【运行】命令运行 cmd 程序，通过命令行方式运行 DOS 命令 help。

操作步骤如下。

① 选择【开始】菜单中的【运行】命令。如果在【开始】菜单中没有此命令项，可在【任

务栏和开始菜单属性】对话框中设置。

② 在打开的【运行】对话框的文本框中输入"cmd"，并单击【确定】按钮。

③ 在弹出的 cmd 程序窗口中，输入"help"，并按回车键。也可以选择【开始】→【所有程序】→【附件】→【命令提示符】命令，在弹出的命令提示符窗口中输入【help】命令。

实验二　Windows 资源管理器

一、实验目的

（1）掌握文件夹窗口的浏览方式和显示方式设置。

（2）掌握回收站的使用和设置。

（3）掌握库的使用方法，查看系统属性。

（4）掌握文件和文件夹的重命名方法。

二、实验内容及步骤

1. 浏览方式和文件夹选项的设置

（1）设置在不同窗口中打开不同的文件夹，文件夹中要显示所有的文件（包括隐藏文件），且不要隐藏已知文件的扩展名。

操作步骤如下。

① 选择【开始】→【计算机】命令打开【计算机】窗口，选择菜单【工具】→【文件夹选项】命令，打开【文件夹选项】对话框。

② 在已打开对话框的【常规】选项卡的【浏览文件夹】区域，单击选中【在不同窗口中打开不同的文件夹】单选按钮。

③ 在【查看】选项卡中，选择【隐藏文件和文件夹】设置下的【显示隐藏的文件、文件夹和驱动器】单选按钮。

④ 在【查看】选项卡中，使【隐藏已知文件的扩展名】复选框不选中。

⑤ 单击【确定】按钮。

（2）文件夹窗口显示文件/文件夹的状态。

操作步骤如下。

在文件夹内容窗口的空白区单击鼠标右键，在弹出的快捷菜单中选择菜单【查看】→【详细信息】命令，使该命令选项旁出现一个"●"标志。

（3）使具有相同扩展名的文件排列在一起。

操作步骤如下。

在文件夹内容窗口的空白区单击鼠标右键，在弹出的快捷菜单中选择【排列方式】→【类型】命令。

2. 回收站的使用和设置

（1）在 D 盘（或 E 盘）的根目录下建立"计算机文化"文件夹，在"计算机文化"文件夹下建立"文字"和"图片"两个文件夹。

（2）删除"文字"和"图片"两个文件夹。

操作步骤如下。

进入"计算机文化"文件夹，选中其中的两个子文件夹（按"Ctrl+A"组合键，或采用其他合适的方法），单击鼠标右键，在弹出的快捷菜单中选择【删除】命令。

（3）还原"文字"文件夹，将"图片"文件夹恢复至桌面。

操作步骤如下。

① 双击桌面上的"回收站"图标，打开【回收站】窗口。

② 选中"文字"文件夹，用鼠标右键单击文件夹，在弹出的快捷菜单中选择【还原】命令。

③ 选中"图片"文件夹，用鼠标将其拖动至桌面。

（4）设置 C 盘回收站的最大空间为 9 000MB。

操作步骤如下。

① 右击桌面上的"回收站"图标，在弹出的快捷菜单中选择【属性】命令，打开【回收站属性】对话框。

② 将【常规】选项卡中的 C 盘回收站的最大值设为 9 000MB。

3．查看计算机的属性及库的操作

（1）查看计算机上安装的操作系统的版本、计算机内存大小及处理器主频。

操作步骤如下。

用鼠标右键单击桌面上的"计算机"图标，在弹出的快捷菜单中选择【属性】命令，在打开的系统属性窗口中可以查看到操作系统的版本、计算机内存大小及处理器主频。

（2）建一个名为"练习"的新库，将桌面上的新建文件夹放到"练习"库中。

操作步骤如下。

① 用鼠标右键单击【开始】菜单，在弹出的快捷菜单中选择【打开 Windows 资源管理器】窗口，单击左边导航窗格中的【库】标识，单击菜单栏下的【建新库】按钮，在窗口工作区中将新建库的名称改为"练习"。

② 用鼠标右键单击桌面上的"新建文件夹"图标，在弹出的快捷菜单中选择【包含到库中】→【练习】命令。

4．文件和文件夹的重命名

（1）在桌面上建立一个文本文件，文件名为"我的文件"。

操作步骤如下。

在桌面空白区单击鼠标右键，在弹出的快捷菜单中选择【新建】→【文本文件】命令，并输入文本文件的名字"我的文件"。

（2）修改文件名为"备用文档"。

操作步骤如下。

① 用鼠标右键单击桌面上刚刚建立的"我的文件"图标，在弹出的快捷菜单中选择【重命名】命令；或者先选中"我的文件"图标，再用鼠标单击"我的文件"图标的名字部分，此时图标的名字部分进入可修改状态。

② 输入名字"备用文档"并按回车键；或者输入名字"备用文档"后，用鼠标在桌面空白处单击。

实验三　Windows 系统属性的设置

一、实验目的

（1）掌握显示属性的设置方法。

（2）掌握时间与日期的设置方法。

（3）掌握输入法的设置。

（4）掌握磁盘清理及安排计划的方法

（5）掌握常用附件的使用方法

二、实验内容步骤

1．显示属性的设置

（1）设置屏幕保护程序为"三维文字"，等待时间为 5min。

操作步骤如下。

① 在【控制面板】窗口中单击"外观"图标，在弹出的【外观】窗口中单击【显示】选项，再在【显示】设置窗口的左窗格中选择【更改屏幕保护程序】选项。

② 在弹出的【屏幕保护程序设置】对话框中设置屏幕保护程序为"三维文字"，在【等待】文本框中输入"5"，单击【应用】按钮。

（2）设置屏幕分辨率为 1280×786。

操作步骤如下。

① 在控制面板的【显示】设置窗口中，单击左窗格中的【调整分辨率】选项，弹出【分辨率设置】对话框。

② 单击【分辨率】按钮，拖动【屏幕分辨率】滑块改变屏幕的分辨率为 1280×786。

③ 单击【确定】按钮，保存设置。

2．时间和日期的设置

（1）将系统时间调快 1h。

操作步骤如下。

① 双击任务栏通知区域的时钟指示器，在弹出的窗口中单击【更改日期和时间设置】。

② 在弹出的【日期和时间】对话框中单击【日期和时间】选项卡中的【更改日期和时间】按钮，会弹出【日期和时间设置】对话框，在此对话框中可以修改系统时间。

③ 单击【确定】按钮。

（2）使任务栏的通知区域不显示系统时钟。

操作步骤如下。

① 用鼠标右键单击任务栏上的【时钟指示器】，在弹出的快捷菜单中选择【属性】命令。

② 打开【系统图标设置】对话框，将系统图标"时钟"的行为改为"关闭"。

③ 单击【确定】按钮。

3．输入法的设置

（1）将自己熟悉的输入语言设为默认输入语言；并将语言栏停靠于任务栏。

操作步骤如下。

① 打开控制面板，双击【控制面板】窗口中的"区域和语言"图标，打开对话框。

② 单击【键盘和语言】选项卡，选择【更改键盘】命令，打开【文本服务和输入语言】对话框。

③ 选择【常规】选项卡，单击【添加】按钮，在【添加输入语言】对话框中选择要添加的输入法类型。

④ 单击【确定】按钮。

⑤ 选择【区域和语言】对话框的【语言栏】选项卡，设置语言栏【停靠于任务栏】选项，单击【确定】按钮。

（2）删除某一输入法。

操作步骤如下。

① 打开【文本服务和输入语言】对话框。

② 选择要删除的输入法。

③ 单击【删除】按钮。

4．系统工具的使用

（1）运行【磁盘清理程序】。

操作步骤如下。

① 选择【开始】→【所有程序】→【附件】→【系统工具】→【磁盘清理】命令，选定磁盘。

② 单击【确定】按钮，在弹出的【磁盘清理】对话框中进行设置。

（2）安排计划，使系统在每天的 0:00 自动运行某个指定程序。

操作步骤如下。

① 选择【开始】→【所有程序】→【附件】→【系统工具】→【任务计划程序】命令，打开【任务计划程序】设置窗口。

② 单击【任务计划程序库】下的【创建基本任务】项目，打开设置向导程序。

③ 按向导提示一步步设置计划任务名称、触发时间和需要触发的程序。

5．附件的使用

（1）对桌面进行截屏。

操作步骤如下。

在桌面显示的情况下，按"PrtSc"键，进行截屏。

（2）将截取的画面分别粘贴到写字板和画图程序中，保存文件至"我的文档"。

操作步骤如下。

① 选择【开始】→【所有程序】→【附件】→【写字板】命令，打开写字板程序。

② 按"Ctrl+V"组合键，粘贴截取的屏幕至写字板。

③ 单击快速访问工具栏上的【保存】按钮，在弹出的【保存为】对话框中，使用默认的保存位置"我的文档"，设置文件名，单击【保存】按钮，关闭写字板。

（3）在画图程序中，对画面进行水平翻转，保存文件至"我的文档"。

操作步骤如下。

① 选择【开始】→【所有程序】→【附件】→【画图】命令，打开画图程序。

② 按"Ctrl+V"组合键，粘贴截取的屏幕至画图程序。

③ 选择【主页】选项卡下的【图像】→【旋转】→【水平翻转】命令。

单击快速访问工具栏上的【保存】按钮，在弹出的【保存为】对话框中，使用默认的保存位置"我的文档"，设置文件名，单击【保存】按钮，关闭画图程序。

实验四　Windows 综合练习

一、实验目的

（1）熟练掌握文件和文件夹的操作及属性设置方法。

（2）掌握文件和文件夹搜索方法。

（3）掌握 Windows 资源管理器的使用方法，查看系统属性。

（4）在控制面板中正确设置显示属性、时间与日期、输入法及附件。

二、实验内容及步骤

（1）在 D 盘（或 E 盘）根目录下建立"计算机综合练习"文件夹，在此文件夹下建立"文字""图片"和"多媒体"3 个子文件夹，把"图片"文件夹设置为共享文件夹，将"多媒体"文件夹定义为"隐藏"属性。将打印机设置为共享打印机，共享名为"HP"。

操作步骤如下。

① 选择【开始】→【计算机】命令，或者双击桌面上的"计算机"图标，打开【计算机】窗口。

② 在【计算机】窗口导航窗格中单击逻辑盘 D（或 E 盘）的盘符，在窗口工作区显示 D 盘中的所有文件夹和文件。

③ 选择菜单【文件】→【新建】→【文件夹】命令，在 D 盘上出现一个新的文件夹并自动进入更名状态，输入该文件夹的名字"计算机综合练习"。

④ 双击刚刚建立的文件夹，打开该文件夹；重复执行【文件】→【新建】→【文件夹】命令，并分别命名为"文字""图片"和"多媒体"。

⑤ 右击"图片"文件夹，在弹出的快捷菜单中选择【共享】→【特定用户】命令，然后在弹出的【文件共享】对话框中填写共享用户名并设置权限级别，最后单击【共享】按钮。

⑥ 用鼠标右键单击"多媒体"文件夹，在弹出的快捷菜单中选择【属性】命令；在【常规】选项卡中选中【隐藏】复选框并单击【确定】按钮。

⑦ 选择【开始】→【控制面板】，打开【控制面板】窗口。

⑧ 在【硬件和声音】下，单击【查看设备和打印机】，弹出【设备和打印】窗口。

⑨ 用鼠标右键单击要设置的打印机图标，在弹出的快捷菜单中选择【打印机属性】命令；在【共享】选项卡中选择【共享这台打印机】复选框，并在激活的"共享名"文本框中输入共享名"HP"；单击【确定】按钮。

（2）在计算机中查找一个小于 80MB 的位图文件，将它复制到"图片"文件夹中。将此文件设为只读文件，并创建该文件的快捷方式到桌面。将自己熟悉的一种输入法设为默认输入法。

操作步骤如下。

① 选择【开始】→【计算机】命令，在打开的【计算机】窗口中选中左侧导航窗格中的【计算机】，在窗口右上角的搜索框中输入"*.bmp"，并添加搜索筛选器"大小：<=80MB"，这时右窗口中便会显示出计算机中文件扩展名为 bmp、文件大小不超过 80MB 的所有文件。

② 单击搜索出来的位图文件图标，并按"Ctrl+C"组合键（如果搜索出来很多文件，可以任选一个）；进入"图片"文件夹，按"Ctrl+V"组合键。

③ 在"图片"文件夹中，用鼠标右键单击刚复制过来的图标，在弹出的快捷菜单中选择【属性】命令；并在弹出窗口的【常规】选项卡中选中【只读】复选框，单击【确定】按钮。

④ 再次用鼠标右键单击该图标，在弹出的快捷菜单中选择【发送到】→【桌面快捷方式】命令。

⑤ 在【控制面板】中单击【时钟、语言和区域】下的【更改键盘或其他输入法】，弹出【区域和语言】对话框的【键盘和语言】选项卡，单击【更改键盘】按钮，在弹出的【文本服务和输入语言】对话框的【常规】选项卡中，选择自己熟悉的一种输入语言为默认输入语言，单击【确定】按钮。

（3）在"写字板"文本编辑窗口中输入一段自我介绍，文字 40 个左右，将其字体定义为宋体 18 磅，以 RTF 格式存入 D 盘根目录下的"计算机综合练习"文件夹下的"文字"文件夹，文件名为"自我介绍"。用"记事本"建立一个名为"test.txt"的文件，文件内容为考生的专业名称、学号和姓名，将其字体定义为宋体二号并存到"文字"文件夹中。

操作步骤如下。

① 选择【开始】→【所有程序】→【附件】→【写字板】命令，打开写字板程序。

② 输入自我介绍，全选（按"Ctrl+A"组合键）；在【主页】选项卡【字体】功能区中设置字体大小为 18。

③ 单击快速访问工具栏中的【保存】按钮，在弹出的【保存为】对话框的【文件名】列表框中输入文件名"自我介绍"，在【保存类型】列表框中选择 RTF 格式，在左边导航窗格中选择 D 盘下的"计算机综合练习"文件夹中的"文字"文件夹，单击【保存】按钮。

④ 选择【开始】→【所有程序】→【附件】→【记事本】命令，打开记事本程序。

⑤ 输入自己的专业名称、学号、姓名等信息，全选（按"Ctrl+A"组合键）；单击【格式】菜单，设置字体为宋体，大小为二号；单击【确定】按钮。

⑥ 选择【文件】→【另存为】命令，在弹出的【另存为】对话框的【文件名】列表框中输入文件名 TEST，在【保存类型】列表框中选择【文本文档】格式，在左边导航窗格中选择 D 盘下的"计算机综合练习"文件夹中的"文字"文件夹，单击【保存】按钮。

（4）在【开始】菜单的程序中不显示"游戏"，隐藏 Windows 的任务栏，并去掉任务栏上的时间显示，把桌面图标按名称重新排列。

操作步骤如下。

① 用鼠标右键单击任务栏的空白区，在弹出的快捷菜单中选择【属性】命令，打开【任务栏和开始菜单属性】对话框。

② 打开【开始菜单】选项卡，单击【自定义】按钮，打开【自定义开始菜单】对话框。

③ 在游戏项目下选择【不显示此项目】单选按钮，单击【确定】按钮。

④ 在【任务栏和开始菜单属性】对话框中打开【任务栏】选项卡，并选中【自动隐藏任务栏】复选框，单击【确定】按钮。

⑤ 用鼠标右键单击任务栏上的【时钟指示器】，在弹出的快捷菜单中选择【属性】命令，打开系统图标设置对话框，将系统图标"时钟"的行为改为"关闭"，最后单击【确定】按钮。

⑥ 用鼠标右键单击桌面空白区，在弹出的快捷菜单中选择【排列方式】→【名称】命令。

（5）将显示器背景图案设置为计算机中已有的一个图片，平铺显示。设置以"三维文字"为图案的屏幕保护程序，且等待时间为 15min。

操作步骤如下。

① 在【控制面板】窗口中单击"外观"图标，在弹出的【外观】窗口中单击【显示】选项，再在【显示】设置窗口的左窗格中选择【更改桌面背景】，在弹出的【桌面背景】设置窗口中选择计算机中的一个图片，图片位置选择【平铺】，单击【保存修改】按钮。

② 再在【显示】设置窗口的左窗格中选择【更改屏幕保护程序】选项，在弹出的【屏幕保护程序设置】对话框中设置屏幕保护程序为"三维文字"，在"等待"文本框中输入"15"min，单击【应用】按钮。

（6）在计算机中查找后缀是"wav"的文件，找到后将任意一个文件重命名为"find. Wav"。在 D 盘根目录下的"计算机综合练习"文件夹下的"文字"文件夹中查找所有的后缀名为"txt"的文件，找到后全部删除。将屏幕分辨率设置为 1024×768。

操作步骤如下。

① 选择【开始】→【计算机】命令，在打开的【计算机】窗口中选中左侧导航窗格中的【计算机】，在窗口右上角的【搜索】框中输入"*. wav"，这时右窗口中便会显示出计算机中文件扩展名为"wav"的所有文件。用鼠标右键单击任意一个 wav 文件，在弹出的快捷菜单中选择

【重命名】命令，输入"find"并按回车键。

② 单击【计算机】窗口左侧导航窗格 D 盘根目录下的"计算机综合练习"文件夹下的"文字"文件夹，在窗口右上角的【搜索】框中输入"*. txt"，这时右窗口中便会显示出"文字"文件夹下所有 TXT 文件。

③ 按"Ctrl+A"组合键，选中窗口右边搜索出来的所有文件，按"Delete"键删除所有的文档。

④ 用鼠标右键单击桌面空白处，在弹出的快捷菜单中选择【调整分辨率】命令，弹出分辨率设置对话框，单击【分辨率】按钮，拖动【屏幕分辨率】滑块改变屏幕的分辨率为 1024×768。单击【确定】按钮，保存设置。

（7）在 D 盘根目录下建立一个"kstemp"文件夹，在"kstemp"文件夹中建立"teml.c"文件和"temp"文件夹。把"teml.c"文件复制到"temp"文件夹中去。然后彻底删除"kstemp"文件夹中的"temp"文件夹。并且设置【文件夹选项】，使隐藏的文件和文件夹显示出来，使鼠标指向文件夹和桌面项时不显示提示信息。

操作步骤如下。

① 选择【开始】→【计算机】命令，或者双击桌面上的【计算机】图标。

② 在打开的【计算机】窗口中选中逻辑盘 D 并打开（双击逻辑盘 D 的盘符）。

③ 在窗口【D:\】的空白区单击鼠标右键，在弹出的快捷菜单中选择【新建】→【文件夹】命令，并输入文件夹的名字"kstemp"。

④ 双击刚刚建立的"kstemp"文件夹，进入该文件夹窗口，用同样的方法建立"temp"文件夹；在空白区单击鼠标右键，在弹出的快捷菜单中选择【新建】→【文本文件】命令，并输入文本文件的名字"templ.txt"，修改"templ.txt"文件的文件名，将后缀"txt"改为"c"。

⑤ 选中"templ.c"文件，按住"Ctrl"键的同时把该图标拖动到文件夹"temp"中。

⑥ 选中"temp"文件夹，按住"Shift"键的同时按"Delete"键，在弹出的【确认文件永久性删除】对话框中单击【确定】按钮。

⑦ 单击【组织】下拉菜单中的【文件夹选项】命令，弹出【文件夹选项】对话框。

⑧ 在对话框中选择【查看】选项卡，寻找【高级设置】中的【鼠标指向文件夹和桌面项时显示提示信息】复选框，取消该复选框的勾选，选择【显示隐藏的文件、文件夹和驱动器】复选框，单击【确定】按钮。

（8）在桌面上建立"上机安排"文件夹，新建库【实践】，将"上机安排.txt"放到库【实践】中，在桌面上建立计算器程序的快捷方式，快捷方式名为"计算器"，设置 D 盘回收站的最大空间为 12 000MB。

操作步骤如下。

① 用鼠标右键单击桌面空白位置，在弹出的快捷菜单中选择【新建】→【文件夹】命令，修改文件夹名为"上机安排"。

② 用鼠标右键单击【开始】→【打开 Windows 资源管理器】窗口，单击左边导航窗格中的【库】标识，单击菜单栏下的【建新库】按钮，在窗口工作区中将新建库的名称改为"实践"。用鼠标右键单击桌面上的"上机安排"文件夹，在弹出的快捷菜单中选择【包含到库中】→【实践】命令。

③ 打开【开始】菜单，用鼠标右键单击【所有程序】→【附件】→【计算器】命令，在弹出的快捷菜单中选择【发送到】→【桌面快捷方式】命令。

④ 用鼠标右键单击桌面上的"回收站"图标，在弹出的快捷菜单中选择【属性】命令，打开【回收站属性】对话框。

⑤ 将【常规】选项卡中的 D 盘回收站的最大值设为 12 000MB，单击【确定】按钮。

实验一　Word 基本操作

一、实验目的

（1）掌握文档的建立、打开和保存。

（2）掌握文本的选定、剪切、复制和粘贴。

（3）掌握文本的查找和替换。

（4）掌握插入批注以及给文档添加修订标记。

二、实验内容及步骤

使用软件为 Microsoft office Word 2010。

1．建立与保存文本

输入"word 例 1"素材中的文字，给正文的第 3、4、5 个段落插入特殊符号"①""②""③"。以"Word 例 1"为名保存在"Word 练习"文件夹下；关闭文档窗口，再打开"Word 例 1"文件，将其以"Word 例 1 备份"为名另存在"Word 练习"文件夹下。

Word 例 1 素材如下。

存储器的概念

内存储器的主要性能指标就是存储容量和读取速度。

我们知道，内存是用来存储程序和数据的，而程序和数据都是用二进制来表示的。不同的程序和数据的大小（二进制位数）是不一样的，因此，我们需要一个关于存储容量大小的单位。现在我们介绍一下各种单位：

位（bit）：是二进制数的最小单位，通常用 b 表示。

字节（byte）：我们把 8 个位称为一个字节，通常用 B 表示。内存容量一般都是以字节为单位的。

字（word）：由若干字节组成。至于到底等于多少字节，取决于什么样的计算机，更确切地说，取决于计算机的字长，即计算机一次所能处理的数据的最大位数。

操作步骤如下。

（1）单击【开始】→【所有程序】→【Microsoft Office】→【Word】，打开 Word 应用程序，系统自动生成"文档 1"的 Word 文档，直接输入素材所给内容，插入点放在标题行下的第 3 段（位的定义）前，单击【插入】选项卡【符号】功能区下的【符号】，在下拉列表中选择【其他符号】，在弹出的【符号】对话框【符号】选项卡中的【子集】列表框中选择【带括号的字母数字】，随后在出现的符号中选择"①"，单击【插入】按钮，用同样的方法在第 4 段和第 5 段前分别插入"②"和"③"，选择【文件】→【保存】命令，在【另存为】对话框中选择存到"Word练习"文件夹下，文件名为"Word例1"，单击【保存】按钮。

（2）选择【文件】→【关闭】命令关闭文档。选择【文件】→【最近所用文件】命令，在右侧选定【Word例1】打开此文档，选择【文件】→【另存为】命令，在【另存为】对话框中选择存到"Word练习"文件夹下，文件名为"Word案例1备份"，单击【保存】按钮。

2．文本的选定、移动和复制

（1）打开"Word练习"文件夹下的"Word例1"文件，将标题行下的第1段"内存储器的主要性能指标就是存储容量和读取速度。"移动到最后，作为最后一段。

操作步骤如下。

① 打开【计算机】窗口，双击"Word练习"文件夹下的"Word例1"，打开文件。

② 用鼠标选择第1段【内存储器的主要性能指标就是存储容量和读取速度】。选择【开始】选项卡【剪贴板】功能区中的【剪切】命令，用鼠标将插入点移动到文档最后空白行的开始处，选择【开始】选项卡【剪贴板】功能区中的【粘贴】命令。

（2）将第2段中"现在我们介绍一下各种单位："中"我们"两字删除。最后按原名保存。

操作步骤如下。

选择正文第2段中"现在我们介绍一下各种单位："中的"我们"两个字，按"Delete"键。单击快速访问工具栏中的【保存】按钮。

3．文本的查找和替换

（1）打开"Word练习"文件夹下的"Word例1"文件，用替换方法将"字节"两个字的颜色设置成红色。

操作步骤如下。

① 打开"Word练习"文件夹下的"Word例1"。

② 选择【开始】选项卡【编辑】功能区中的【替换】命令，打开【查找和替换】对话框，在【查找内容】框中输入"字节"，在【替换为】框中输入"字节"，将插入点放在【替换为】框中，单击【更多】按钮，再在最下方单击【格式】按钮，在其下拉列表中选择【字体】命令，在弹出的【字体】对话框中设置字体颜色为【红色】，单击【确定】按钮，显示如图4.1所示的对话框。

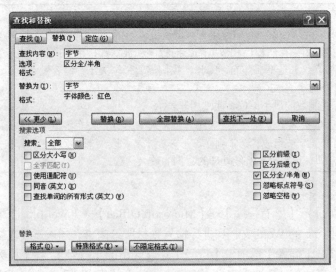

图4.1　【查找和替换】对话框

③ 单击【全部替换】按钮，则文档中所有的"字节"两字就成为红色。

（2）用替换方式将冒号前的"字节"两字的颜色设置成黑色。

操作步骤如下。

① 选择【开始】选项卡【编辑】功能区中的【替换】命令，打开【查找和替换】对话框。

② 在【查找内容】框中输入"字节"，在【替换为】框中输入"字节"，将插入点放在【替换为】框中，单击【更多】按钮，再在最下方单击【格式】按钮，在其下拉菜单中选择【字体】命令，在弹出的【字体】对话框中设置字体颜色为【黑色】，单击【确定】按钮。

③ 单击【查找下一处】按钮，若是冒号前的"字节"两字，则单击【替换】按钮；若不是，再单击【查找下一处】按钮，直到查找范围结束。

（3）查找颜色为黑色的"字节"两字。

操作步骤如下。

① 单击【开始】选项卡【编辑】功能区中的【查找】按钮旁的三角，在其下拉列表中选择【高级查找】命令，打开【查找和替换】对话框。

② 在【查找内容】框中输入"字节"，单击【更多】按钮，再在最下方单击【格式】按钮，在其下拉菜单中选择【字体】命令，在弹出的【字体】对话框中设置字体颜色为【黑色】，单击【确定】按钮。

③ 单击【查找下一处】按钮，屏幕上显示出查找到的冒号前的"字节"两字，再单击【查找下一处】按钮，弹出"已完成所选内容的搜索"提示，单击【确定】按钮。

4．插入批注与文档修订

（1）打开"Word 练习"文件夹下的"Word 例 1"文件，给标题行"存储器概念"插入批注"这是标题"。

操作步骤如下。

① 打开"Word 练习"文件夹下的"Word 案例1"，选择标题行"存储器概念"。

② 单击【审阅】选项卡【批注】功能区中的【新建批注】命令，在批注框中输入"这是标题"。

（2）设置修订属性，将插入内容设置为红色，并且加下画线，设置对所有修改增加修订标记，删除第 2 段中的"我们知道，"，在标题文字"存储器"后插入"的"字。

操作步骤如下。

① 选择【审阅】选项卡【修订】功能区中的【修订】按钮下的三角，在其下拉列表中选择【修订选项】命令，打开【修订选项】对话框，在此对话框中设置标记【插入内容】→【单下画线】，颜色为红色，单击【确定】按钮。

② 选择【审阅】选项卡【修订】功能区中的【修订】命令，删除第 2 段中的"我们知道，"，在标题文字"存储器"后插入"的"字。

③ 选择【审阅】选项卡【修订】功能区中的【显示以供审阅】列表框命令，在下拉列表中选择【最终：显示标记】，可以看到批注框、标记出来的插入内容和删除内容的批注。在左列表中选择【最终状态】，可以看到文档修改后的最终状态。

实验二　Word 文档的排版与编辑

一、实验目的

（1）掌握字符格式的设置。

（2）掌握段落格式设置。

（3）掌握分栏和首字下沉的设置。

（4）掌握页眉和页脚的设置，添加项目符号。

（5）掌握页面设置和打印。

二、实验内容及步骤

参照图 4.2，按照要求完成下列操作。

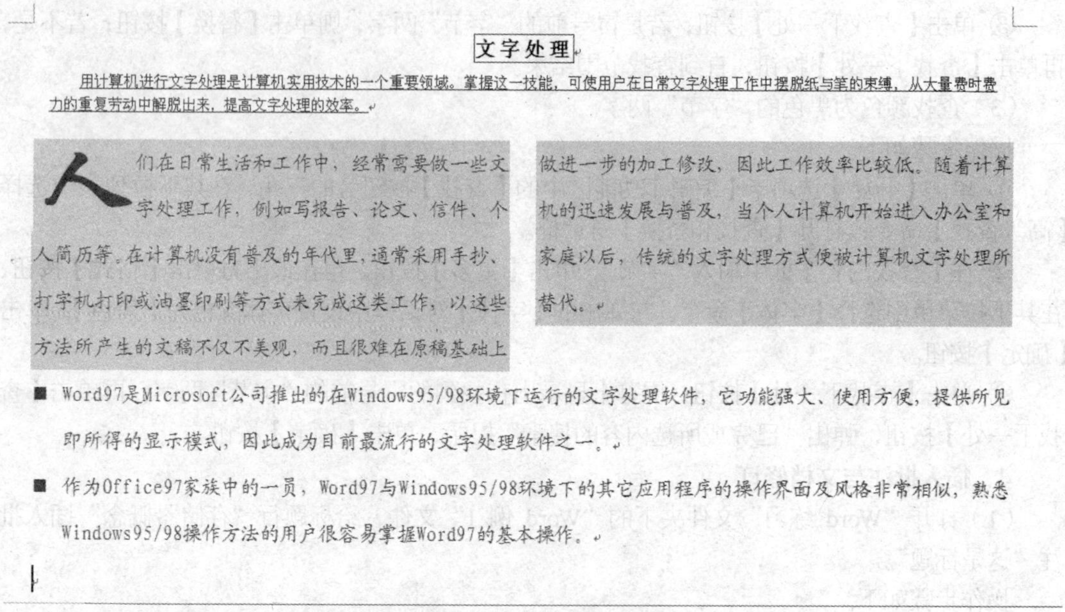

文字处理

用计算机进行文字处理是计算机实用技术的一个重要领域。掌握这一技能，可使用户在日常文字处理工作中摆脱纸与笔的束缚，从大量费时费力的重复劳动中解脱出来，提高文字处理的效率。

人们在日常生活和工作中，经常需要做一些文字处理工作，例如写报告、论文、信件、个人简历等。在计算机没有普及的年代里，通常采用手抄、打字机打印或油墨印刷等方式来完成这类工作，以这些方法所产生的文稿不仅不美观，而且很难在原稿基础上做进一步的加工修改，因此工作效率比较低。随着计算机的迅速发展与普及，当个人计算机开始进入办公室和家庭以后，传统的文字处理方式便被计算机文字处理所替代。

- Word97是Microsoft公司推出的在Windows95/98环境下运行的文字处理软件，它功能强大、使用方便，提供所见即所得的显示模式，因此成为目前最流行的文字处理软件之一。

- 作为Office97家族中的一员，Word97与Windows95/98环境下的其它应用程序的操作界面及风格非常相似，熟悉Windows95/98操作方法的用户很容易掌握Word97的基本操作。

图 4.2　Word 文档的排版与编辑

1. 字符格式设置

（1）打开"Word 练习"文件夹下的"Word 例 2"文件，设置标题行"文字处理"的字体为四号、加粗格式，设置字符间距加宽 1 磅。

Word 例 2 如下。

文字处理

用计算机进行文字处理是计算机实用技术的一个重要领域。掌握这一技能，可使用户在日常文字处理工作中摆脱纸与笔的束缚，从大量费时、费力的重复劳动中解脱出来，提高文字处理的效率。

人们在日常生活和工作中，经常需要做一些文字处理工作，如写报告、论文、信件、个人简历等。在计算机没有普及的年代里，通常采用手抄、打字机打印或油墨印刷等方式来完成这类工作，以这些方法所产生的文稿不仅不美观，而且很难在原稿基础上做进一步的加工修改，因此工作效率比较低。随着计算机的迅速发展与普及，当个人计算机开始进入办公室和家庭以后，传统的文字处理方式便被计算机文字处理所替代。

Word 97 是 Microsoft 公司推出的在 Windows 95/98 环境下运行的文字处理软件，它功能强大、使用方便，提供所见即所得的显示模式，因此成为目前最流行的文字处理软件之一。作为 Office 97 家族中的一员，Word 97 与 Windows 95/98 环境下的其他应用程序的操作界面及风格非常相似，熟悉 Windows 95/98 操作方法的用户很容易掌握 Word 97 的基本操作。

操作步骤如下。

① 打开"Word 练习"文件夹下的"Word 例 2"文件，选择标题行"文字处理"。

② 选择【开始】选项卡【字体】功能区右下角带有"▣"按钮，打开【字体】对话框，在【字体】选项卡中设置字号为四号、字形为加粗，在【高级】选项卡中设置字符间距加宽 1 磅。

③ 设置完成后，单击【确定】按钮。

（2）设置正文第 1 段"用计算机进行文字处理……的效率。"字体为红色，加单下划线，按原文件名保存。

操作步骤如下。

① 选中正文第 1 段文字，单击【开始】选项卡【字体】功能区中【字体颜色】按钮旁的三角，选择红色，单击下画线按钮旁的三角，选择单下画线。

② 单击快速访问工具栏【保存】命令，按原文件名保存。

2．段落格式设置与样式的使用

（1）打开"Word 练习"文件夹下的"Word 例 2"文件，设置标题行"文字处理"居中显示，并添加蓝色文字边框。

操作步骤如下。

① 打开"Word 练习"文件夹下的"Word 例 2"文件，选中标题，单击【开始】选项卡【段落】功能区中的【居中】按钮。

② 继续选择【段落】功能区【边框】命令旁的三角，在下拉列表中选择【边框和底纹】命令，在【边框】选项卡中选择颜色为蓝色，方框边框，应用于文字，单击【确定】按钮。

（2）设置正文第 1 段首行缩进 2 个字符，左右缩进 1 个字符，单倍行距，段后间距一行。

操作步骤如下。

① 选中正文第 1 段，选择【开始】选项卡【段落】功能区右下角的"▣"按钮，打开【段落】对话框。

② 在【缩进和间距】选项卡中设置【特殊格式】为首行缩进 2 个字符，左右缩进 1 个字符，段后一行，单倍行距，单击【确定】按钮。

（3）将正文第 1 段的段落格式定义为【我的样式】，将正文第 2～4 段的段落格式设置为【我的样式】，最后按原文件名保存。

操作步骤如下。

① 选择正文第 2 段，选择【开始】选项卡【样式】功能区右下角的"▣"按钮。

② 在打开的【样式】任务窗格中单击【新建样式】按钮，在【根据格式设置创建新样式】对话框的【名称】框中输入"我的样式"，单击【格式】按钮，在弹出的菜单中选择【字体】命令，打开【字体】对话框，设置字体为楷体、四号字、颜色为蓝色。单击【确定】按钮。

③ 选择第 2 段，在【样式】功能区快速样式库下拉列表中选择【我的样式】，用同样的方法设置第 3、4 段的段落格式为【我的样式】。单击快速访问工具栏中的【保存】命令，按原文件名保存。

3．设置分栏、首字下沉和添加项目符号

（1）打开"Word 练习"文件夹下的"Word 例 2"文件，将正文第 2 段分为等宽的两栏，栏间距为 2 个字符，加紫色段落底纹。

操作步骤如下。

① 打开"Word 练习"文件夹下的"Word 例 2"文件，选定正文第 2 段所有文字，选择【页面布局】选项卡【页面设置】功能区中的【分栏】按钮，在下拉列表中选择【更多分栏】命令，

打开【分栏】对话框，设置栏数为两栏、栏间距为 2 个字符，最后在【应用范围】下拉列表框中选择【所选文字】，设置完成后单击【确定】按钮。

② 选择【开始】选项卡【段落】功能区【边框】命令旁的三角，在下拉列表中选择【边框与底纹】命令，在打开的对话框中选择【底纹】选项卡，选择填充颜色为黄色，应用于段落，单击【确定】按钮。

（2）将正文第 2 段设置为首字下沉，将其字体设置为华文行楷，下沉行数为 2。

操作步骤如下。

① 选择正文第 2 段，单击【插入】选项卡【文本】功能区中的【首字下沉】按钮，在下拉列表中选择【首字下沉选项】命令。

② 在对话框中选择【下沉】选项，设置字体为华文行楷，下沉行数为 2，单击【确定】按钮。

（3）给正文第 3～4 段添加黑色方块项目符号。

操作步骤如下。

选择正文第 3～4 段，单击【开始】选项卡【段落】功能区【项目符号】按钮旁的三角，在下拉列表中选择黑色方块项目符号，按原文件名保存。

4．设置页眉和页脚

（1）打开"Word 练习"文件夹下的"Word 例 2"文件，插入页眉"汉字录入大赛"，页眉设置为小五号、宋体、居中。

操作步骤如下。

① 打开"Word 练习"文件夹下的"Word 例 2"文件，单击【插入】选项卡【页眉和页脚】功能区中的【页眉】按钮，在下拉列表中选择【编辑页眉】命令。

② 在页眉区中输入文字"汉字录入大赛"，选中文字，在【开始】选项卡【字体】功能区中设置字号为小五号、字体为宋体，在【段落】功能区中选择【居中】按钮。

（2）在文档左下方页脚处插入页码，格式为 Ⅰ、Ⅱ、Ⅲ。

操作步骤如下。

① 选择【页眉和页脚工具设计】选项卡【导航】功能区中的【转至页脚】命令，在【页眉和页脚】功能区中选择【页码】→【当前位置】→【普通数字】，再在【页眉和页脚】功能区中选择【页码】→【设置页码格式】命令，在打开的【页码格式】对话框中选择【编号格式】为【Ⅰ、Ⅱ、Ⅲ】，单击【确定】按钮。

②选中页脚，单击【开始】选项卡【段落】功能区中的【左对齐】按钮，按原文件名保存。

5．页面和打印设置

打开"Word 练习"文件夹下的"Word 例 2"文件，设置纸张为 A4，左右页边距为 3 厘米，横向打印；设置打印当前页。

操作步骤如下。

① 打开"Word 练习"文件夹下的文件"Word 例 2"，单击【页面布局】选项卡【页面设置】功能区右下角的"■"按钮，打开【页面设置】对话框，在【页边距】选项卡中设置左右页边距为 3 厘米，方向为【横向】；在【纸张】选项卡中设置纸张大小为 A4，单击【确定】按钮。

② 选择【文件】→【打印】命令，在右侧打印设置处选择【打印当前页面】。

实验三　表格的插入及编辑

一、实验目的

（1）学会创建表格的方法。
（2）掌握对表格进行选定、插入与删除等操作。
（3）掌握单元格的合并与拆分。
（4）熟练掌握表格格式的设置。

二、实验内容及步骤

1．创建一个 5 行 5 列的表格

打开"Word 练习"文件夹下的"Word 例 3"文件，创建一个 5 行 5 列的表格。

操作步骤如下。

（1）方法一如下。

① 在【插入】菜单的【表格】组中单击【表格】按钮，然后在弹出的下拉菜单中，将鼠标指针移到制表选择框中，这时鼠标拖动过的区域变为橘红色，如图 4.3 所示。

② 当【制表选择框】顶部显示"5×5 表格"时，单击鼠标左键，这时在光标位置插入一个 5 行 5 列的表格。

（2）方法二如下。

① 单击【插入】选项卡中的【表格】按钮，在其下拉菜单中选择【插入表格】命令，弹出【插入表格】对话框。

② 在【插入表格】对话框的【列数】微调框中输入"5"，在【行数】微调框中输入"5"，在【"自动调整"操作】选项组中选中【固定列宽】单选按钮，如图 4.4 所示。

图 4.3　选择表格的大小

图 4.4　【插入表格】对话框

小提示　　　在 Word 中创建的表格最多可达到 63 列，如果需要编辑更大的表格最好在 Excel 中进行。

③ 单击【确定】按钮。这时在光标位置也会出现一个 5 行 5 列的表格。

2．设置单元格格式，绘制斜线表头

设置栏目名称的格式为居中、五号、宋体、加粗，第 1 个栏目为斜线表头，如图 4-3 所示。其他单元格的格式为居中、五号、宋体。

操作步骤如下。

① 选中表格，在【布局】选项卡中单击【对齐方式】组中的【水平居中】按钮 ，使新录入的文本自动在单元格中居中对齐。

② 调整第 1 行的高度为原来的 2 倍左右，选中第 1 行，在【开始】选项卡中单击【字体】组中的【加粗】按钮。

③ 选中第 1 个单元格，打开【表格工具】，在【设计】选项卡中单击【绘制表格】按钮 ；然后，用鼠标在第 1 个单元格中从左上至右下拖画出一条斜线，如图 4.5 所示。完成后，再次单击【绘制表格】按钮，回到普通文本录入状态。

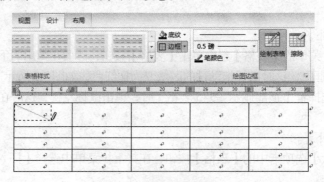

图 4.5 绘制斜线表头

④ 在第 1 个单元格中分行输入"收支项目"和"日期"，通过【开始】选项卡中的【文本右对齐】和【文本左对齐】命令按钮将这两行文字分别设置成右对齐和左对齐。

⑤ 输入其他表头。

3．输入数据

按照图 4.6 所示输入数据，行数不够需要增加行。

8 月份账单（单位：元）				
收支项目 日期	支出项目	支出金额	收入项目	收入金额
8 月 1 日			奖金	500
8 月 5 日	水费	25		
8 月 10 日	手机充值	100		
8 月 12 日			工资	3000
8 月 16 日	电费	200		
8 月 21 日	煤气	150		
8 月 26 日			稿费	800
统计	支出总额	475		
	收入总额	4300		

图 4.6 表格样式

操作步骤如下。

① 将光标定位到单元格中，选择中文输入方式，输入文本。

② 表格行数不够，需要增加行。此时，可让输入光标位于表格最后的单元格中，按"Tab"键即可增加一行。重复操作，直到满意为止，如图4.7所示。

③ 选中"统计"文字所在的单元格和其下面的单元格，在【布局】选项卡中单击【合并】组中的【合并单元格】按钮▦。

④ 分别将"支出总额"和"收入总额"后面的单元格合并。

收支项目 日期	支出项目	支出金额	收入项目	收入金额
8月1日			奖金	500
8月5日	水费	25		
8月10日	手机充值	100		
8月12日			工资	3000
8月16日	电费	200		
8月21日	煤气	150		
8月26日			稿费	800
统计	支出总额			
	收入总额			

图4.7 录入的数据

4．通过公式计算支出总额和收入总额

操作步骤如下。

① 将光标定位在"支出总额"后面的空白单元格中，在【布局】选项卡中单击【数据】组中的【公式】按钮𝑓ₓ。

② 弹出【公式】对话框，在SUM函数的括号中输入"C3:C9"，如图4.8所示。

③ 单击【确定】按钮，即可计算出支出总额。

④ 以同样的方法计算收入总额，此时在SUM函数的括号中输入的是"E3:E9"。

5．为表格添加表名

8目账单（单位：元）。

操作步骤如下。

图4.8 【公式】对话框

① 将光标定位在表格的第1行，在【布局】选项卡的【行和列】组中单击【在上方插入】按钮，在该行的上方插入一空白行，如图4.9所示。

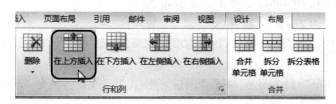

图4.9 在上方插入

② 选中插入的空白行，单击【合并】组中的【合并单元格】按钮。

③ 合并后，输入表名"8 月份账单（单位：元）"。

6．为表格添加边框

表格样式为双线、1.5 磅。

操作步骤如下。

① 在【设计】选项卡【绘图边框】组的【笔样式】下拉列表中选择线型，如图 4.10 所示；在【笔画粗细】下拉列表中选择【1.5 磅】。

② 在【表格样式】组中的【边框】下拉列表中选择【外侧框线】，如图 4.11 所示。

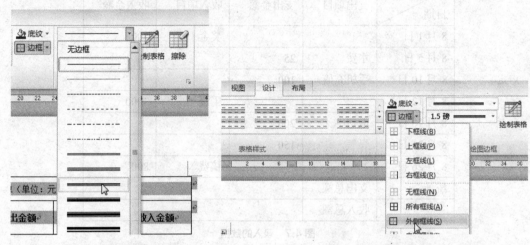

图 4.10　选择线型　　　　　　　　　　图 4.11　设置边框

7．保存文件

单击【保存】按钮，在弹出的【保存为】对话框中设置文件名为"账单.docx"，并选择保存路径。

实验四　插入图片及图文混排

一、实验目的

（1）掌握绘制自选图形和设置其格式的方法。

（2）学会插入艺术字并设置其格式。

（3）掌握插入图片、剪贴画和设置其格式的方法。

（4）熟练掌握插入文本框和设置其格式的方法。

二、实验内容及步骤

制作一张如图 4.12 所示的生日贺卡，要求如下。

（1）贺卡的大小为 28 厘米×22 厘米。

（2）设置贺卡的主题为"华丽"，背景的填充效果为"软木塞"纹理。

（3）设置边框。

（4）添加"爆炸型"自选图形，并设置图形的格式为：线条颜色为"淡红色"，填充效果为"编织物"，版式为"浮于文字上方"。

图 4.12　生日贺卡

（5）插入艺术字"生日快乐!"作为标题，设置艺术字的线条颜色为"粉色"，版式为"浮于文字上方"。

（6）给"贺卡"插入"实验素材"文件夹中找到名为"3.3.jpg"的图片，调整图片的高度为 9.6 厘米，宽度为 14.2 厘米。设置图片为居中放置。

（7）插入剪贴画，并调整大小。

（8）插入文本框，并输入祝福语"悠悠的云里有淡淡的诗，淡淡的诗里有绵绵的喜悦，绵绵的喜悦里有我轻轻的祝福，生日快乐!"文本框的线条设置为"无颜色"，透明度为"100%"，字体的颜色设置为"红色"，字号为"小二号"，字体为"华文行楷"。调整文本框的大小和位置。

1. 设置贺卡的大小

操作步骤如下。

（1）新建一个文档，在【页面布局】选项卡的【页面设置】组中单击【页面设置】对话框启动器按钮。

（2）打开【页面设置】对话框，切换到【纸张】选项卡。在【纸张大小】下拉列表框中选择【自定义大小】选项，在【宽度】微调框中输入"18 厘米"，在【高度】微调框中输入"22厘米"，如图 4.13 所示。

（3）单击【确定】按钮，贺卡的大小就确定下来了。

2. 设置贺卡的背景

操作步骤如下。

（1）单击【页面布局】选项卡中的【主题】按钮，在其下拉菜单中选择"华丽"。

（2）同样，在【页面布局】选项卡中，单击【页面背景】组中的【页面颜色】按钮，在其下拉菜单中选择【填充效果】命令，如图 4.14 所示。

（3）打开【填充效果】对话框，切换到【纹理】选项卡，选择"软木塞"纹理。

（4）单击【确定】按钮。

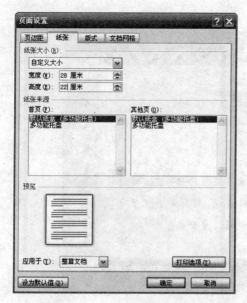
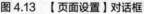

图 4.13 【页面设置】对话框

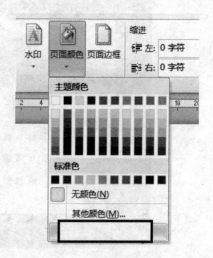

图 4.14 选择命令

3．设置边框

操作步骤如下。

（1）在【页面布局】选项卡的【页面背景】组中单击【页面边框】按钮。

（2）弹出【边框和底纹】对话框，切换到【页面边框】选项卡。在【设置】选项组中选择【方框】，在【艺术型】下拉列表框中，选择一种样式，在【应用于】下拉列表框中选择【整篇文档】，如图 4.15 所示。

（3）单击【确定】按钮，则贺卡的效果如图 4.16 所示。

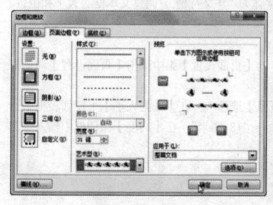

图 4.15 设置边框

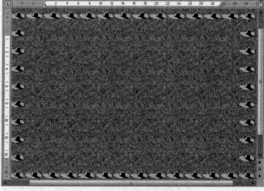

图 4.16 边框效果图

4．添加自选图形并设置其效果

操作步骤如下。

（1）单击【插入】选项卡中的【形状】按钮，在其下拉菜单中选择【星与旗帜】选项组中的【爆炸型 2】命令，如图 4.17 所示。

（2）把鼠标指针移至贺卡上，这时指针变成了加号（+）的形状。在想要插入的地方按住鼠标左键不放，拖动鼠标到适当的位置，松开鼠标即可。

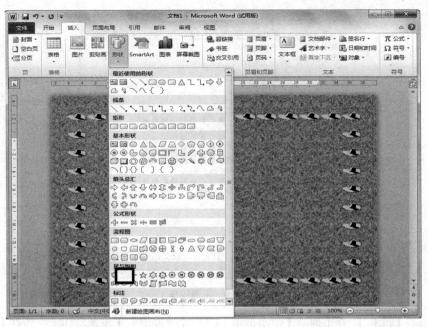

图 4.17　选择图形

（3）选中自选图形，单击鼠标右键，在弹出的快捷菜单中选择【设置形状格式】命令，如图 4.18 所示。

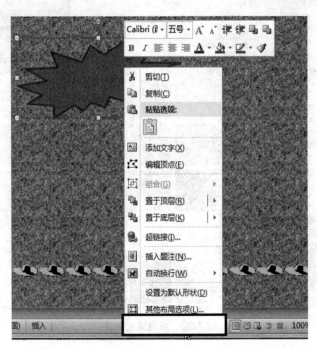

图 4.18　快捷菜单

（4）弹出【设置形状格式】对话框，在【线条颜色】选项组中的【颜色】下拉列表框中选择"红色"，如图 4.19 所示。

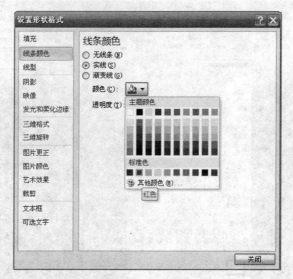

图 4.19 设置线条

（5）单击【填充】，在【填充】组中选中【图片或纹理填充】单选按钮，然后在【纹理】下拉列表中选择【编织物】，如图 4.20 所示。

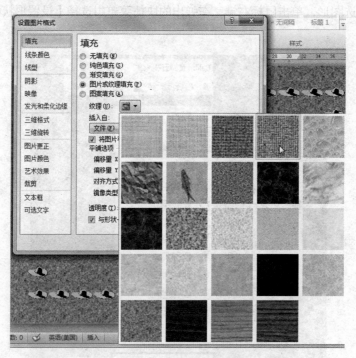

图 4.20 设置填充效果

（6）单击【关闭】按钮，用鼠标右键单击自选图形，在弹出的快捷菜单中选择【其他布局选项】命令，打开【布局】对话框，切换到【文字环绕】选项卡，选择【衬于文字下方】选项，如图 4.21 所示。

图 4.21　设置版式

（7）单击【确定】按钮，保存设置。

5．插入艺术字作为标题

操作步骤如下。

标题的衬底做好之后，我们就可以插入标题内容了，在这里选择"插入艺术字"作为标题。艺术字是一个文字样式库，利用它可以让我们的贺卡更漂亮。

（1）单击【插入】选项卡中的【艺术字】按钮，在其下拉菜单中选择一种样式，如图 4.22 所示。

图 4.22　选择样式

（2）在文本提示框中输入"生日快乐！"，如图 4.23 所示。

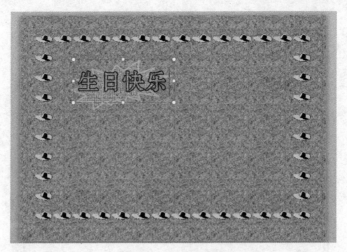

图 4.23 输入文本

（3）功能区出现了【图片工具格式】选项卡，选中输入的艺术字，在【艺术字样式】组中【文本轮廓】下拉列表中选择【其他轮廓颜色】命令，如图 4.24 所示。

（4）打开【颜色】对话框，选择"粉色"，单击【确定】按钮。

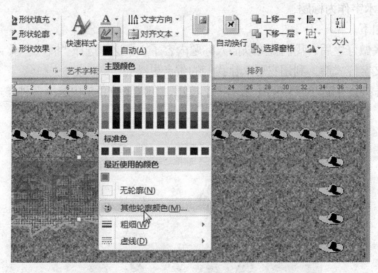

图 4.24 快捷菜单

6．给"贺卡"插入图片和剪贴画

操作步骤如下。

（1）单击【插入】选项卡中的【图片】按钮，如图 4.25 所示。

图 4.25 【图片】按钮

（2）弹出【插入图片】对话框，在"实验素材"文件夹中找到名为"3.3.jpg"的图片。

（3）单击【插入】按钮，这时图片就被插入文档中了，如图 4.26 所示。

图 4.26　插入的图片

（4）选中图片，单击鼠标右键，在其快捷菜单中选择【大小和位置】命令，如图 4.27 所示。

图 4.27　快捷菜单

（5）弹出【布局】对话框，切换到【文字环绕】选项卡，选择环绕方式为"衬于文字下方"。

（6）切换到【大小】选项卡，取消对【锁定纵横比】复选框的勾选，将【高度】、【宽度】分别设置为"9.6 厘米"和"14.2 厘米"，取消锁定纵横比前面的"√"，如图 4.28 所示。

（7）切换到【位置】选项卡，水平和垂直对齐方式都设置为"居中"，在【相对于】下拉列表中选择【页面】，如图 4.29 所示。设置完成后单击【确定】按钮。

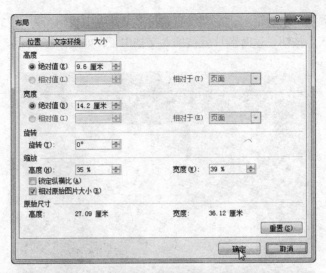

图 4.28 【布局】对话框【大小】选项卡

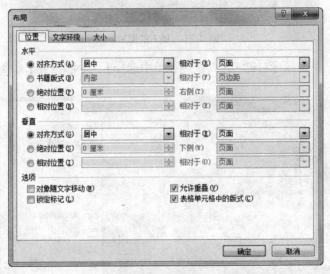

图 4.29 设置版式

7. 插入剪贴画

操作步骤如下。

（1）单击【插入】选项卡中的【剪贴画】按钮，如图 4.30 所示。

图 4.30 【剪贴画】按钮

（2）弹出【剪贴画】任务窗格，单击【搜索】按钮，显示所有媒体文件，在里面单击选择一张剪贴画，如图 4.31 所示。

（3）这时文档中就插入了所选的剪贴画，调整剪贴画的大小和位置，效果如图 4.32 所示。

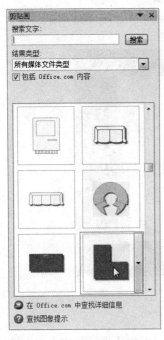

图 4.31 【剪贴画】任务窗格

图 4.32 插入的剪贴画效果

8．在文本框中输入"贺卡"祝福语

操作步骤如下。

（1）单击【插入】选项卡中的【文本框】按钮，在其下拉菜单中选择【绘制文本框】命令，如图 4.33 所示。

图 4.33 【文本框】下拉菜单

（2）把光标移到贺卡上，拖动鼠标，就可以绘制出文本框了，如图 4.34 所示。

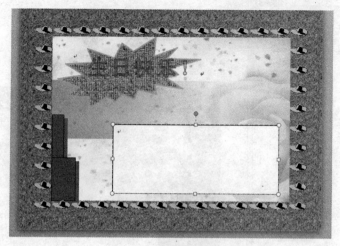

图 4.34　绘制的文本框

（3）选中文本框，在文本框中输入文字，如图 4.35 所示。

（4）输入文字之后，再一次选中文本框，在【格式】选项卡的【形状样式】组中选择【形状填充】下拉列表中的【无填充颜色】命令，如图 4.36 所示。

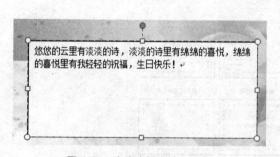

图 4.35　在文本框中输入文字

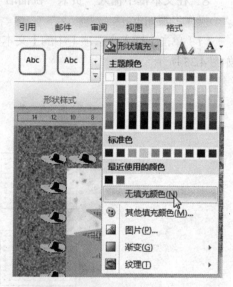

图 4.36　设置填充颜色为"无"

（5）在【格式】选项卡的【形状样式】组中选择【形状轮廓】下拉列表中的【无轮廓】命令，如图 4.37 所示。

（6）下面我们再对文本框的文字进行格式设置。选取文字，单击【开始】选项卡，在【字体】组合框中进行设置，其方法与在文档中设置一样。对贺卡的设置如下：字体的颜色设置为"红色"，字号为"小二号"，字体为"华文行楷"，效果如图 4.38 所示。

（7）通过鼠标拖动调整文本框的大小，保存以上的设置。

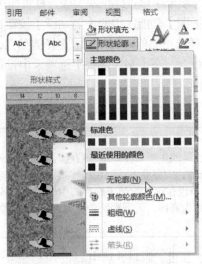

图 4.37 设置文本框的轮廓为"无"

图 4.38 设置文本格式

实验五 Word 综合练习

一、实验目的

（1）掌握 Word 的基本操作方法。

（2）熟练掌握 Word 的排版与编辑技术、样式的使用、页眉和页脚的插入方法。

（3）掌握 Word 中表格的插入、数据的排序、简单公式的使用。

（4）掌握 Word 中插入图片、艺术字、文本框及图文混排的方法。

二、实验内容及步骤

1．将以下段落按要求排版之一

　　笔者在上面就马克·吐温的《自传》的非凡特色做了一些探索，企图阐明马克·吐温在《自传》中所表现的是：誓与意识形态中的保守势力与敌对势力做殊死的斗争，甚至死后还要斗到底的无畏精神；《自传》既为自己画像，又不只为自己画像，立意让历史与现实撞击，迸发出火花，以推动时代进步；在平头老百姓的日常生活中给自己画像，那些以显赫人物自重的庸俗作风不足取；过分重政治、轻社会、轻人性、轻文化的美学原则，可不是幽默大师、世界大文豪马克·吐温的路子。这些在今天仍不乏现实意义。

　　（1）将正文设置为四号、宋体；设此段落左缩进 2 个字符，首行缩进 2 个字符，行距为 1.5 倍行距。

　　（2）添加红色双实线页面边框。

　　（3）在段首插入任意的剪贴画，设置环绕方式为【四周型】，居中对齐。

　　操作步骤如下。

　　（1）单击【开始】选项卡【编辑】功能区中的【选择】按钮，在下拉列表中选择【全选】；在【字体】功能区中设置字体格式为四号、宋体，单击【段落】功能区右下角的"⌐"按钮，在弹出的【段落】对话框中设置左缩进 2 个字符，首行缩进 2 个字符，行距为 1.5 倍行距。

　　（2）单击【段落】功能区【边框和底纹】按钮右边的"▼"三角，在下拉列表中选择【边框与底纹】命令，在弹出的对话框中的【页面边框】选项卡中设置红色双实线方框页面边框。

（3）将插入点放在段首，单击【插入】选项卡【插图】功能区中的【剪贴画】按钮，打开【剪贴画】任务窗格，单击【搜索】按钮，在结果框中任选一幅剪贴画单击。选择剪贴画，单击鼠标右键，在弹出的快捷菜单中选择【大小和位置】命令，在【文字环绕】选项卡中设置为四周型，在【位置】选项卡中设置水平居中对齐。

2．将以下段落按要求排版之二

> 前言
> 　　《名利场》是英国 19 世纪小说家萨克雷的成名作品，也是他生平著作里最经得起时间考验的杰作。故事取材于很热闹的英国 19 世纪中上层社会。当时国家强盛，工商业发达，由压榨殖民地或剥削劳工而发财的富商大贾正主宰着这个社会，英法两国争权的战争也在这时响起了炮声。中上层社会各式各等人物，都忙着争权夺位、争名求利，所谓"天下攘攘，皆为利往，天下熙熙，皆为利来"，名位、权势、利禄，原是相连相通的。

（1）将标题"前言"设置成小二号、黑体、红色、加粗、倾斜、居中。

（2）为正文文字添加绿色底纹，悬挂缩进 2 个字符，行距设置为 14 磅。

（3）将文字"传阅"作为水印插入文档。

操作步骤如下。

（1）选择标题"前言"，在【开始】选项卡【字体】功能区中设置字体格式为小二号、黑体、红色、加粗、倾斜，在【段落】功能区中选择【居中】。

（2）选择除标题以外的所有正文，选择【段落】功能区【边框和底纹】按钮右边的"▼"三角，在下拉列表中选择【边框与底纹】命令，在弹出的对话框的【底纹】选项卡中选择填充色为绿色，应用于文字，单击【确定】按钮。选择正文段落，单击【段落】功能区右下角的"⬚"按钮，在弹出的对话框中设置悬挂缩进 2 个字符，行距设置为固定值 14 磅，单击【确定】按钮。

（3）单击【页面布局】选项卡【页面背景】功能区中的【水印】命令，在下拉列表中选择【自定义水印】，在弹出的【水印】对话框中选择【文字水印】，在【文字框】中选择【传阅】，单击【确定】按钮。

3．参考样张按要求操作

（1）新建一个空白文档，设置页面为 A4，页边距上下为 2.3 厘米、左右为 2 厘米。

（2）按所给样张插入一个 3 行 3 列的表格，输入各列表头及 3 组数据，设置表格中文字对齐方式为水平居中，字体为小五号、蓝色、仿宋。

（3）在表格最后一列增加一列，列标题为【平均成绩】。用公式计算各学生的平均成绩并将其插入到相应的单元格内。

姓名	数学	语文
张平	80	90
李红	76	75

操作步骤如下。

（1）在【开始】菜单打开 Word 应用程序，系统自动打开"文档 1"，单击【页面布局】选项卡【页面设置】功能区右下角"⬚"符号，在【页面设置】对话框【页边距】选项卡中设置页边距上下为 2.3 厘米、左右为 2 厘米，在【纸张】选项卡中设置纸张大小为 A4，单击【确定】按钮。

（2）将插入点放在文档开始处，单击【插入】选项卡【表格】功能区中的【表格】按钮，选择 3 行 3 列的表格，输入各列表头及 3 组数据，鼠标拖动选择所有单元格，在【开始】选项卡【段落】功能区中选择【居中】命令，单击【字体】功能区中相应的按钮设置字体为小五号、蓝色、仿宋。

（3）选择表格第 3 列，单击【表格工具布局】选项卡【行和列】功能区中的【在右侧插入】命令，在表格最后一列增加一列，输入列标题"平均成绩"。将插入点放在张平的"平均成绩"单元格中，单击【表格工具布局】选项卡【数据】功能区中的【公式】命令，在【公式】框中输入"=AVERAGE（B2：C2）"，单击【确定】按钮。用同样的方法再在李红的"平均成绩"单元格中输入公式"=AVERAGE（B3：C3）"。

4．将实验内容 1 中给出的素材按要求排版

（1）将文中所有"自传"替换为"memoir"。

（2）添加艺术字标题"马克·吐温"（任选一种艺术字体），设置字体为宋体、加粗、36 号。

（3）在页脚添加右对齐页码（格式为 A，B，C，…，位置为页脚）。

（4）设置首字下沉，位置为悬挂，字体为华文中宋，下沉 2 行。

操作步骤如下。

（1）选择【开始】选项卡【编辑】功能区中的【替换】命令，在【查找和替换】对话框中的【查找内容】框中输入"自传"，在【替换为】框中输入"memoir"，单击【全部替换】按钮。

（2）将插入点放到文档开始，选择【插入】选项卡【文本】功能区中的【艺术字】命令，选择一种艺术字格式。用鼠标选中艺术字内的文字，输入"马克·吐温"，在【开始】选项卡的【字体】功能区设置字体为宋体、加粗、36 号。

（3）单击【插入】选项卡【页眉和页脚】功能区中的【页码】按钮，在下拉列表中选择【页面底端】→【普通数字】，在【开始】选项卡【段落】功能区中设置右对齐，单击【页眉和页脚工具设计】选项卡中的【页码】按钮，在下拉列表中选择【设置页码格式】，在弹出的对话框中选择【编号格式】为【A，B，C，…】，单击【确定】按钮，单击【页眉和页脚工具设计】选项卡【关闭】功能区中的【关闭】命令。

（4）选择正文，单击【插入】选项卡【文本】功能区中的【首字下沉】按钮，在下拉列表中选择【首字下沉选项】命令，打开【首字下沉】对话框，选择【悬挂】选项，设置首字字体为华文中宋，下沉行数为 2。设置完成后单击【确定】按钮。

5．将以下素材按要求排版

排队论

排队论（Queuing Theory）是为解决上述问题而发展起来的一门学科。排队论起源于 20 世纪初，当时的美国贝尔（Bell）电话公司发明了自动电话后，满足了人们日益增长的电话通信的需要；但另一方面，它也带来了新的问题，即如何合理配置电话线路的数量，以尽可能减少用户的呼叫次数。如今，通信系统仍然是排队论应用的主要领域。同时，在运输、港口泊位设计、机器维修、库存控制等领域，排队论也获得了广泛的应用。

（1）设置标题字体为隶书、三号、蓝色，并添加红色阴影边框（应用范围为文字），标题居中，给标题加批注"标题"。

（2）将正文字体设置为小四号、华文新魏，字符间距加宽 2 磅。

（3）打开修订模式，将正文段落左右各缩进 1 厘米，首行缩进 1 厘米，段前段后各 6 磅，将最后一句话中"同时"两字删除。

操作步骤如下。

（1）选择标题"排队论"，在【开始】选项卡【字体】功能区中设置字体为隶书、三号、蓝色，单击【段落】功能区【边框和底纹】按钮右边的"▼"三角，在下拉列表中选择【边框和底纹】命令，在弹出的对话框的【边框】选项卡中选择【阴影】边框，设置红色线条，应用范围为文字，单击【确定】按钮。单击【段落】功能区中的【居中】按钮，单击【审阅】选项卡【批注】功能区中的【新建批注】命令，在批注框中输入"标题"。

（2）选择正文文字，单击【开始】选项卡【字体】功能区右下角的"⬚"按钮，在打开的【字体】对话框【字体】选项卡中设置字号为小四号，字体为华文新魏，在【高级】选项卡中设置字符间距为加宽2磅。

（3）单击【审核】选项卡【修订】功能区中的【修订】命令，打开修订模式，单击【开始】选项卡【段落】功能区右下角的"⬚"按钮，在弹出的对话框中设置正文段落左右各缩进1厘米，首行缩进1厘米，段前段后各6磅；选择最后一句话中的"同时"两个字，按"Delete"键。

6．参考样张进行以下操作

（1）分别添加左对齐、居中对齐、竖线对齐、右对齐和小数点对齐5个制表位，通过制表位对齐方式输入样张所给文字，然后将其转换成一个5行5列的表格，单元格对齐方式设置为靠下居中。

（2）在表格最上面插入一行，合并该行中的单元格，在该行中输入"教师薪水汇总"，并居中。

（3）为下表格添加自动套用格式【简明型1】。

经济系	王一一	副教授	2670	60. 3
经济系	王书同	副教授	2640	180. 4
中文系	魏军	讲师	1180	180. 6
化学系	李娜	助教	930	250. 5
生物系	周红	助教	890	260. 1

操作步骤如下。

（1）新建空白文档，单击垂直标尺最顶端的制表位按钮，直到它更改为所需的【左对齐制表符】类型，在水平标尺上单击要插入制表位的位置。以同样的方法在水平标尺合适的位置上分别插入居中对齐、竖线对齐、右对齐、小数点对齐4个制表位。在文档开始位置输入"经济系"，按"Tab"键，输入"王一一"，再按"Tab"键，依次类推，输入第1行后，按回车键。以同样的方法输入其他各行数据。用鼠标选中要转换的文本，单击【插入】选项卡【表格】功能区中的【表格】按钮，在下拉列表中选择【文本转换成表格】命令，在弹出的【将文字转换成表格】对话框中，将文字分隔位置设置为【制表符】，单击【确定】按钮。选择表格，单击鼠标右键，在弹出的菜单中选择【单元格对齐方式】靠下居中。

（2）选中表格第1行，单击【表格工具布局】选项卡【行和列】功能区中的【在上方插入】命令，选择新插入的行，单击鼠标右键，选择【合并】功能区中的【合并单元格】命令，输入"教师薪水汇总"，选中第1行，在【开始】选项卡【段落】功能区中设置【居中】。

（3）选择表格，单击【表格工具设计】选项卡【表格样式】功能区【表格样式库】旁滚动条下的三角符号，在下拉列表中选择【修改表格样式】命令，在弹出的对话框的【样式基准】中，选择表格样式为【简明型1】，单击【确定】按钮。

7．将以下素材按要求排版

> 使用【绘图】工具栏中提供的绘图工具可以绘制正方形、矩形、多边形、直线、曲线、圆、椭圆等各种图型对象。如果【绘图】工具栏不在窗口中，可在【视图】→【工具栏】中选择绘图来设置。
>
> （1）绘制自选图型：在【绘图】工具栏上，用鼠标单击【自选图型】按钮，打开菜单。从各种样式中选择一种，然后在子菜单中单击一种图型，这时鼠标变成"+"形状，在需要添加图型的位置，按下鼠标左键并拖动，就插入了一个自选图形。
>
> （2）在图型中添加文字：可用鼠标先选中图形，然后单击鼠标右键，在弹出的快捷菜单中选择【添加文字】，这是自选图型的一大特点，并可修饰所添加的文字。
>
> 设置图型内部填充色和边框线颜色：选中图型，单击鼠标右键，在弹出的快捷菜单中选择【设置自选图型格式】，打开对话框，可在此设置自选图型的颜色、线条、大小和版式等。

（1）将第 1 段设置为首行缩进 2 字符，左右各缩进 0.5 厘米，1.5 倍行距，段前段后各设置 1 行，字体颜色为红色，将此段设置的样式定义为"习题样式"。然后，将第 4 段设置成"习题样式"。

（2）将正文第 1 段设置为首字下沉，将其字体设置为华文行楷，下沉行数为 3。

（3）把所有"图型"两字替换为"图形"，替换后"图形"两字的格式为倾斜、四号、绿色并为波浪下画线。

操作步骤如下。

（1）选择第 1 段，单击【开始】选项卡【段落】功能区右下角的"▣"按钮，在弹出的对话框中设置段落左右各缩进 0.5 厘米，首行缩进 2 字符，1.5 倍行距，段前段后各设置 1 行，单击【确定】按钮。在【字体】功能区中设置字体颜色为红色。选择第 1 段，单击【样式】功能区右下角的"▣"按钮，在弹出的【样式】任务窗格中单击【新建样式】按钮，打开【创建新样式】对话框，在名称框中输入"习题样式"，单击【确定】按钮。选择第 4 段，在【样式】功能区【快速样式库】下拉列表中选择【习题样式】。

（2）选择第 1 段，单击【插入】选项卡【文本】功能区中的【首字下沉】按钮，在下拉列表中选择【首字下沉选项】命令，打开【首字下沉】对话框，选择【下沉】位置，设置首字字体为华文行楷，下沉行数为 3，单击【确定】按钮。

（3）单击【开始】选项卡【编辑】功能区中的【替换】命令，打开【查找和替换】对话框，在【查找内容】框中输入"图型"，在【替换为】框中输入"图形"。单击【更多】按钮，将插入点放在【替换为】框中，再在最下方单击【格式】→【字体】，在弹出的【字体】对话框中设置格式为倾斜、四号、绿色并加波浪下画线，单击【确定】按钮，在【查找和替换】对话框中单击【全部替换】按钮；关闭【查找和替换】对话框。

8．将实验内容 7 给出的素材按要求排版

（1）将第 4 段分成两栏，栏间距为 2 字符，加蓝色段落底纹。

（2）将第 2、3 段开头的编号"（1）""（2）"改为项目符号"□"。

（3）在第 1 段下插入任意一张剪贴画，设置剪贴画的高度为 4 厘米，宽度为 5 厘米，环绕方式为衬于文字下方、居中。

操作步骤如下。

（1）选定第 4 段的所有内容，单击【页面布局】选项卡【页面设置】功能区中的【分栏】按钮，在下拉列表中选择【更多分栏】命令打开【分栏】对话框，选择 2 栏，栏间距 2 字符，在【应用于】中选择文字，单击【确定】按钮。选择第 4 段，单击【开始】选项卡【段落】功能区【边框和底纹】按钮右边的"▼"三角，在下拉列表中选择【边框和底纹】命令，在弹出的对话框的【底纹】选项卡中选择填充色为蓝色，应用于【段落】，单击【确定】按钮。

（2）选择第2、3段，单击【开始】选项卡【段落】功能区中的【项目符号】按钮右边的"▼"三角，在下拉列表中选择【定义新项目符号】命令，在弹出的对话框中单击【符号】按钮，在【符号】对话框中选择需要的项目符号，单击【确定】按钮。

（3）将插入点移动到第1段下，选择【插入】选项卡【插图】功能区中的【剪贴画】命令，将打开【剪贴画】任务窗格，单击【搜索】按钮，就会在搜索结果列表中列出所有剪贴画。选择插入的剪贴画，单击鼠标右键，在弹出的快捷菜单中选择【大小和位置】命令，弹出【布局】对话框，在【文字环绕】选项卡中，设置环绕方式为衬于文字下方；在【位置】选项卡中，选择水平居中；在【大小】选项卡中，取消【锁定纵横比】，设定高度为4厘米、宽度为5厘米，单击【确定】按钮。

9．将实验内容5给出的素材按要求排版

（1）插入艺术字标题"排队论"，字体设置为华文行楷，字内填充红色，高度为3厘米，宽度为12重米，环绕方式为上下型并居中对齐。

（2）插入页眉页脚：页眉为"计算机基础习题"，页脚包括第几页、共几页信息，将页眉页脚设置为小五号字、宋体、居中。

（3）对正文进行插入竖排文本框的操作，设置文本框背景颜色为【雨后初晴】。

操作步骤如下。

（1）将插入点移到标题处，选择【插入】选项卡【文本】功能区中的【艺术字】命令，在下拉列表中选择一种样式。选择艺术字框内的文字，输入【排队论】，在【开始】选项卡【字体】功能区中设置字体为华文行楷，颜色为红色。选择【艺术字】框，单击鼠标右键，在弹出的快捷菜单中选择【其他布局选项】命令，在弹出的对话框的【大小】选项卡中设置高度为3厘米、宽度为12厘米。在【文字环绕】选项卡中选择【上下型】，在【位置】选项卡中设置水平居中对齐，最后单击【确定】按钮。

（2）单击【插入】选项卡【页眉和页脚】功能区中的【页眉】按钮，在下拉列表中选择【编辑页眉】命令，在页眉区输入"计算机基础习题"。单击页脚输入区，单击【页眉和页脚工具设计】选项卡【页眉和页脚】功能区中的【页码】按钮，在下拉列表中选择【当前位置】→【加粗显示的数字】，分别选择页眉和页脚内容，在【开始】选项卡【字体】功能区中设置小五号字、宋体，在【段落】功能区中设置居中格式。

（3）单击【插入】选项卡【文本】功能区中的【文本框】按钮，在下拉列表中选择【绘制竖排文本框】，拖动鼠标拉出文本框。选择插入的文本框，单击鼠标右键，在弹出的快捷菜单中选择【设置形状格式】命令，在弹出的【设置形状格式】对话框的【填充】选项卡中，选择【渐变填充】，在【预设颜色】中选择【雨后初晴】，单击【关闭】按钮。

10．将以下素材按要求排版

	第一季度	第二季度	第三季度	第四季度
一楼商场	82 360	68 763	739	905

对顾客的服务时间是确定的还是随机的：如自动冲洗汽车的装置对每辆汽车冲洗（服务）的时间是确定性的，但大多数情形下服务时间是随机性的。对于随机性的服务时间，需要知道它的概率分布。通常，服务时间服从的概率分布有定长分布、负指数分布、爱尔朗分布等。

（1）将素材中的表格转换成文字，文字分隔符为制表符，再添加红色文字边框和黄色文字底纹。

（2）在段首插入剪贴画（从计算机中搜索到），调整到适当大小，设置为四周环绕和左对齐。

（3）在段首插入自选图形"禁止符"，组合该自选图形和"winter.jpg"，移动到文档的最下方。

操作步骤如下。

（1）选中表格，选择【表格工具布局】选项卡【数据】功能区中的【转换为文本】命令，弹出【表格转换成文本】对话框，选择【文字分隔符】区中的【制表符】，单击【确认】按钮。选择转换后的所有文字，单击【开始】选项卡【段落】功能区中【边框和底纹】按钮右边的"▼"三角，在下拉列表中选择【边框和底纹】命令，在【边框和底纹】对话框的【边框】选项卡中选择边框颜色为红色，选择【设置】下的【方框】，选择应用于【文字】，在【底纹】选项卡中选择黄色底纹，选择应用于【文字】，单击【确定】按钮。

（2）将插入点移到段首，选择【插入】选项卡，在【插图】功能区中单击【剪贴画】按钮，弹出【剪贴画】任务窗格，单击【搜索】按钮，选中一幅剪贴画，单击剪贴画右边的按钮，选择下拉菜单中的【插入】即可。

（3）选择插入的图片，用鼠标拖动图片边框调整图片到合适的大小，选择图片，单击鼠标右键，在弹出的快捷菜单中选择【设置图片格式】，弹出【设置图片格式】对话框，在【文字环绕】选项卡中，设置环绕方式为【四周型】；设置水平对齐方式为【左对齐】。

（4）将插入点移到段首，单击【插入】选项卡【插图】功能区中的【形状】按钮，在下拉列表中选择【基本形状】中的"禁止符"，拖动鼠标，插入自选图形。按住"Ctrl"键的同时，单击选择"禁止符"和"winter.jpg"，放开"Ctrl"键，单击鼠标右键，在弹出的快捷菜单中选择【组合】→【组合】命令。选择已经组合的图形，并将其移动到文档的最下方。

UNIT 5 单元五
Excel 2010 电子表格制作

实验一 Excel 基本操作

一、实验目的

（1）掌握 Excel 文档的新建、打开、编辑、保存和关闭操作。

（2）掌握 Excel 各种类型数据的输入方法。

（3）掌握数据的填充与系列数据的输入方法。

（4）掌握工作表的插入和删除操作。

（5）掌握工作表的移动、复制和重命名操作。

二、实验内容及步骤

1．工作簿文件的建立和保存

（1）在 D 盘（或 E 盘）根目录下建立以自己的学号+姓名命名的文件夹（简称为"用户文件夹"）。

（2）创建一个 Excel 工作簿，在"Sheet1"工作表中输入如图 5.1 所示的数据，在"Sheet2"工作表中输入如图 5.2 所示的数据。

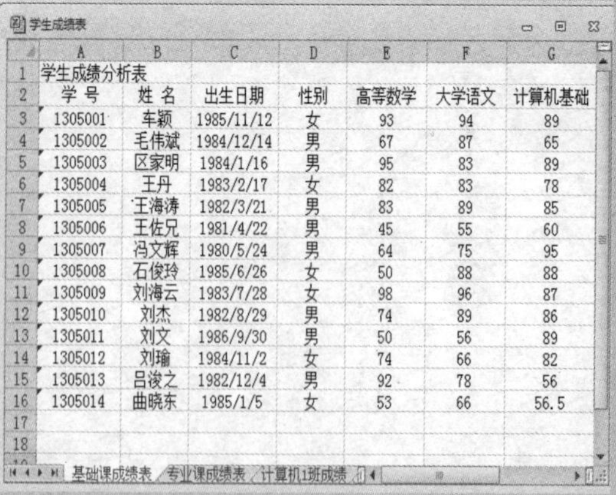

学生成绩表

学生成绩分析表

学 号	姓 名	出生日期	性别	高等数学	大学语文	计算机基础
1305001	车颖	1985/11/12	女	93	94	89
1305002	毛伟斌	1984/12/14	男	67	87	65
1305003	区家明	1984/1/16	男	95	83	89
1305004	王丹	1983/2/17	女	82	83	78
1305005	王海涛	1982/3/21	男	83	89	85
1305006	王佐兄	1981/4/22	男	45	55	60
1305007	冯文辉	1980/5/24	男	64	75	95
1305008	石俊玲	1985/6/26	女	50	88	88
1305009	刘海云	1983/7/28	女	98	96	87
1305010	刘杰	1982/8/29	男	74	89	86
1305011	刘文	1986/9/30	男	50	56	89
1305012	刘瑜	1984/11/2	女	74	66	82
1305013	吕俊之	1982/12/4	男	92	78	56
1305014	曲晓东	1985/1/5	女	53	66	56.5

基础课成绩表　专业课成绩表　计算机1班成绩

图 5.1　基础课成绩表

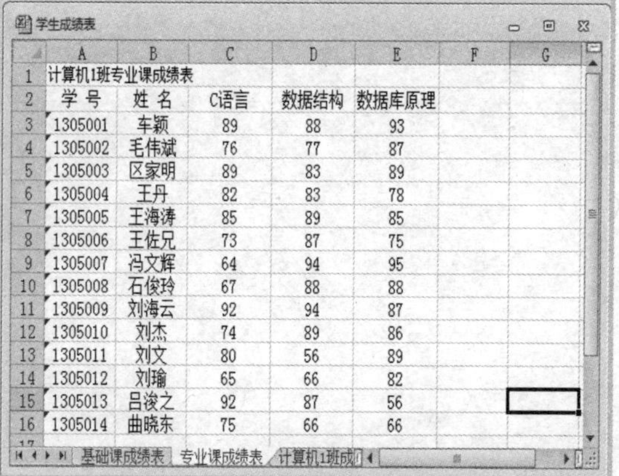

学生成绩表

计算机1班专业课成绩表

学 号	姓 名	C语言	数据结构	数据库原理
1305001	车颖	89	88	93
1305002	毛伟斌	76	77	87
1305003	区家明	89	83	89
1305004	王丹	82	83	78
1305005	王海涛	85	89	85
1305006	王佐兄	73	87	75
1305007	冯文辉	64	94	95
1305008	石俊玲	67	88	88
1305009	刘海云	92	94	87
1305010	刘杰	74	89	86
1305011	刘文	80	56	89
1305012	刘瑜	65	66	82
1305013	吕俊之	92	87	56
1305014	曲晓东	75	66	66

基础课成绩表　专业课成绩表　计算机1班成

图 5.2　专业课成绩表

（3）将"Sheet1"工作表重命名为"基础课成绩表"，将"Sheet2"工作表重命名为"专业课成绩表"，然后将工作簿 1 以"学生成绩表.xlsx"为文件名保存到用户文件夹中。

操作步骤如下。

（1）选择【开始】→【所有程序】→【Microsoft Office】→【Microsoft Office Excel 2010】命令，打开 Excel 2010 应用程序，默认为工作簿 1，在默认的 "Sheet1" 工作表中输入图 5.1 所示的数据。

● "学号" 一列中文本数字串的输入方法（用单撇号 "'" 将数字转换为文本）。"学号" 列的数据很有规律，可用数据自动填充的方法输入：首先在 A2 和 A3 单元格中输入相应的值，然后选择 A3 和 A4 单元格，用鼠标单击填充句柄并向下拖动到 A16 单元格即可。在 "性别" 列中输入 "男" "女"。

● 【出生日期】一列中日期型数据的输入方法：日期型数据中的年、月、日之间的分隔符可以用短画线 "-"，也可以用斜杠 "/"。

（2）用鼠标直接双击 "Sheet1" 工作表标签，进入编辑状态后输入新工作表名 "基础课成绩表"。在默认的 "Sheet2" 工作表中输入图 5.2 所示的数据。其中的 "学号" 和 "姓名" 两列数据可以复制 "Sheet1" 工作表中的内容。用同样的方法将工作表 "Sheet2" 改名为 "专业课成绩表"。

（3）单击快速访问工具栏中的【保存】按钮，系统弹出【另存为】对话框，在其中指定文件要保存的位置，输入文件名 "学生成绩表" 后，单击对话框中的【保存】按钮。

（4）单击【文件】选项卡中的【退出】命令，或单击文档窗口右上角的【关闭】按钮，即可关闭 Excel 文件。

2．工作表的插入和删除操作

（1）打开 "学生成绩表" 工作簿文件。

（2）在工作表 "基础课成绩表" 之前插入一个新工作表。

（3）删除 "Sheet3" 工作表。

操作步骤如下。

（1）双击用户文件夹下的 "学生成绩表.xlsx" 工作簿文件，进入 Excel 应用程序环境，同时打开了该文件。

（2）单击工作表标签栏中的 "基础课成绩表" 工作表标签，用以下两种方法之一完成插入新工作表的操作。

方法 1：单击鼠标右键 "基础课成绩表" 工作表标签，在弹出的快捷菜单中选择【插入】→【工作表】命令，即在 "基础课成绩表" 工作表之前插入了一个新工作表，默认的工作表名为 "Sheet1"。

方法 2：在【开始】选项卡的【单元格】区中，选择【插入】→【插入工作表】命令。

（3）单击 "Sheet3" 工作表标签，使其成为当前工作表。用以下两种方法之一完成删除工作表的操作。

方法 1：用鼠标右键单击 "Sheet3" 工作表标签，在弹出的快捷菜单中选择【删除】命令，确定删除即可。

方法 2：在【开始】选项卡的【单元格】区中，单击【删除】→【删除工作表】，然后以原文件名保存。

3．工作表的移动、复制操作

（1）将 "学生成绩表.xlsx" 中的 "基础课成绩表" 工作表在当前工作簿中的 "Sheet1" 表之前复制一份，并命名为 "计算机 1 班成绩"。

（2）将"计算机 1 班成绩"工作表移动到"专业课成绩表"之后。

操作步骤如下。

（1）复制工作表。

① 单击工作表标签栏中的"基础课成绩表"标签，使其成为当前工作表。

② 单击鼠标右键，在弹出的快捷菜单中选择【移动或复制】命令。

③ 在图 5.3 所示的对话框中选择【基础课成绩表】，并选择【建立副本】复选框。

④ 单击【确定】按钮。

⑤ 将"基础课成绩表（2）"工作表改名为"计算机 1 班成绩"。

（2）移动工作表。

① 单击工作表标签栏中的"计算机 1 班成绩"标签，使其成为当前工作表。

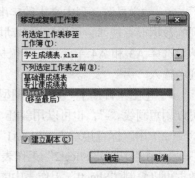

图 5.3 复制工作表

② 将鼠标指针移到工作表标签栏中的"计算机 1 班成绩"标签上，按下鼠标左键，拖动鼠标到"专业课成绩表"标签的后端（即右端），释放鼠标左键即可。

实验二 工作表的编辑和格式化

一、实验目的

（1）掌握单元格、行和列的插入和删除。

（2）掌握单元格的选择方法。

（3）掌握单元格的合并操作。

（4）掌握单元格数据的复制、移动和清除操作。

（5）掌握单元格的格式设置（包括单元格字体、字号、对齐方式、边框和底纹等）。

二、实验内容及步骤

1．单元格、行和列的插入和删除操作

（1）进行单元格、行和列的插入练习，并为"基础课成绩表"工作表添加标题行，内容为"计算机 1 班基础课成绩表"；为"专业课成绩表"工作表添加标题行，内容为"计算机 1 班专业课成绩表"；为"计算机 1 班成绩"工作表添加标题行，内容为"计算机 1 班综合成绩表"。

（2）进行单元格、行和列的删除练习，并删除"计算机 1 班成绩"工作表第 C、E～G 列的内容。

操作步骤如下。

（1）插入操作。

① 打开工作簿文件"学生成绩表.xlsx"。

② 单击"基础课成绩表"工作表标签，使其成为当前工作表。

③ 单击 A1 单元格（或选择第 1 行），在【开始】选项卡的【单元格】区中，选择【插入】→【插入工作表行】命令，在第 1 行插入一个空白行。

④ 双击 A1 单元格，在其中输入"计算机 1 班基础课成绩表"。

⑤ 选择第 C 列，在【开始】选项卡【单元格】区的【插入】下拉列表中选择【插入工作

表列】命令，在第 C 列插入一个空白列。

⑥ 选择 B3 单元格，单击【插入单元格】命令，在弹出的如图 5.4 所示的【插入】对话框中选择【活动单元格下移】单选按钮。

⑦ 单击【确定】按钮，在 B3 单元格处插入一个空白单元格（原单元格的数据下移）。

以上步骤操作完毕后的结果如图 5.5 所示。用同样的方法为"专业课成绩表"工作表插入行标题，标题内容为"计算机 1 班专业课成绩表"；为"计算机 1 班成绩"工作表插入标题行，标题内容为"计算机 1 班综合成绩表"。

图 5.4 【插入】对话框　　　　图 5.5　插入操作完成后的结果

（2）删除操作。

① 单击"基础课成绩表"工作表标签，使其成为当前工作表。

② 选择第 C 列，在【开始】选项卡的【单元格】区中，选择【删除】→【删除工作表列】命令，第 C 列被删除，其右各列左移。

③ 单击 B3 单元格，在【开始】选项卡的【单元格】区中，选择【删除】→【删除单元格】命令，弹出【删除】对话框，如图 5.6 所示。

④ 在对话框中，选择【下方单元格上移】单选按钮。

⑤ 单击【确定】按钮，即在 B3 单元格处删除一个空白单元格（原单元格数据上移）。

图 5.6　【删除】对话框

⑥ 单击"计算机 1 班成绩"工作表标签，使其成为当前工作表。

⑦ 单击列号 C，按下"Ctrl"键不放，选中 E～G 列，使第 C、E～G 列被选中。

⑧ 在【开始】选项卡的【单元格】区中，选择【删除】→【删除工作表列】命令，则第 C、E～G 列被删除。

2. 单元格的选择操作

（1）单个单元格的选择。

（2）多个连续单元格的选择。

（3）多个不连续单元格的选择。

操作步骤如下。

（1）单个单元格的选择：用鼠标单击该单元格即可选择。

（2）多个连续单元格的选择：以选择 A2:F10 区域的单元格为例，有以下两种方法。

方法 1：在要选择的区域上，从第 1 个单元格 A2 到最后一个单元格 F10 拖曳鼠标指针。

方法 2：单击要选择的区域上的第 1 个单元格 A2，按下"Shift"键，再单击要选择的区域上的最后一个单元格 F10。

（3）多个不连续单元格的选择：以同时选择 A4、C3、D6、E1、F8 单元格为例，单击要选择的第 1 个单元格 A4，按下"Ctrl"键，再依次单击要选择的其他单元格。

3．单元格数据的复制、移动和清除

（1）将"基础课成绩表"工作表在同一工作簿中的"Sheet3"表之前复制一份，命名为"成绩"。

（2）将"成绩"表 B4:B7 单元格中的内容复制到 H11:H14 单元格中。

（3）将"成绩"表 A2:E2 单元格中的内容移动到 B15:F15 单元格中。

（4）清除"成绩"表 H11:H14 区域和 B15:F15 区域中的内容。

操作步骤如下。

（1）将"基础课成绩表"复制到"成绩"表：操作步骤略。

（2）将"成绩"表 B4:B7 单元格中的内容复制到 H11:H14 单元格中，有以下两种方法。

方法 1：拖曳鼠标指针完成复制（适合短距离复制）。

① 选择 B4:B7 单元格。

② 将鼠标指针指向选择区域的外框处（鼠标指针呈空心箭头状）。

③ 按下"Ctrl"键，拖曳鼠标指针到 H11：H14 区域释放。

方法 2：使用剪贴板（适合长距离复制）。

（3）将"成绩"表 A2:E2 单元格中的内容移动到 B15:F15 单元格中，有以下两种方法。

方法 1：拖曳鼠标指针完成移动（适合短距离移动）。

① 选择 A2:E2 单元格。

② 将鼠标指针指向选择区域的外框处（鼠标指针呈空心箭头状）。

③ 拖曳鼠标指针到 B15:F15 区域。

方法 2：使用剪贴板（适合长距离移动）（步骤略）。

问题：将"Sheet1"中的 A、B、C 3 列数据复制/移动到"Sheet2"中的对应位置，使用哪一种方法更好？

（4）清除"成绩"表 H11:H14 区域和 B15:F15 区域中的内容。选择 H11:H14 区域和 B15:F15 区域中的数据，在【开始】选项卡的【编辑】区中，单击【清除】→【清除内容】，或按"Delete"键。

4．单元格格式的设置和合并操作

（1）为"计算机 1 班成绩"工作表的 D2～F2 单元格分别输入"总分""平均分"和"排名"。

（2）将"计算机 1 班成绩"工作表的标题在 A1:F1 范围内居中显示，字体设置为隶书、红色、18 号、黄色底纹。

（3）将"计算机 1 班成绩"表中的其余部分设置为宋体、深蓝色、12 号字、水平居中、靠下对齐；然后为表加边框线：外边框为红色双线，内边框线为蓝色单线。

操作步骤如下。

（1）录入单元格的内容（略）。

（2）选择"计算机 1 班成绩"为当前工作表，然后选中 A1:F1 单元格，在【开始】选项卡的【对齐方式】区中，单击【合并后居中】命令；单击【单元格】区中的【格式】下拉列表，选择【设置单元格格式】命令，弹出【设置单元格格式】对话框，选择【字体】选项卡进行字体设置，选择【背景色】选项卡，设置黄色底纹，单击【确定】按钮。

（3）设置“计算机 1 班成绩”表中数据的格式和边框：选择“计算机 1 班成绩”工作表中的 A2:F17 单元格区域，在【开始】选项卡的【单元格】区中，选择【格式】→【设置单元格格式】命令，在弹出的【设置单元格格式】对话框中依次选择【字体】选项卡、【对齐】选项卡和【边框】选项卡进行格式设置，设置完毕后单击【确定】按钮。

以上操作完成后的结果如图 5.7 所示。

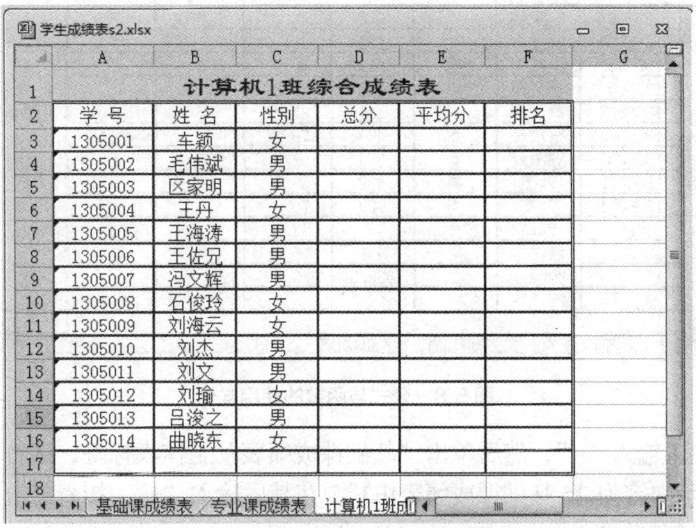

	A	B	C	D	E	F
2	学 号	姓 名	性别	总分	平均分	排名
3	1305001	车颖	女			
4	1305002	毛伟斌	男			
5	1305003	区家明	男			
6	1305004	王丹	女			
7	1305005	王海涛	男			
8	1305006	王佐兄	男			
9	1305007	冯文辉	男			
10	1305008	石俊玲	女			
11	1305009	刘海云	女			
12	1305010	刘杰	男			
13	1305011	刘文	男			
14	1305012	刘瑜	女			
15	1305013	吕浚之	男			
16	1305014	曲晓东	女			
17						

图 5.7　工作表格式化后的结果

实验三　公式与函数的使用

一、实验目的

（1）掌握公式的输入和使用方法。

（2）掌握常用函数的使用方法。

（3）掌握插入批注的方法。

二、实验内容及步骤

1．利用公式和函数计算总分和平均分

（1）根据“基础课成绩表”和“专业课成绩表”两表中的数据计算每个学生的总分和平均分（必须用公式计算，且平均分取一位小数），存放到“计算机 1 班成绩”工作表的相应单元格中。

（2）在“计算机 1 班成绩”工作表的“平均分”列之后插入一列，在 F2 单元格中输入“评优结果”，利用 IF 函数评选出优秀生（总分≥510 分），若某个学生为优秀生，则第 F 列相应的单元格中显示为“优秀生”。

（3）在 A18 单元格中输入“优秀率”，求出优秀率（优秀率=优秀人数/总人数），将结果用带 2 位小数的百分比显示在 B18 单元格中。操作结果如图 5.8 所示。

操作步骤如下。

（1）“总分”列数据的计算方法如下。

① 选择“计算机 1 班成绩”工作表作为当前工作表，单击 D3 单元格。

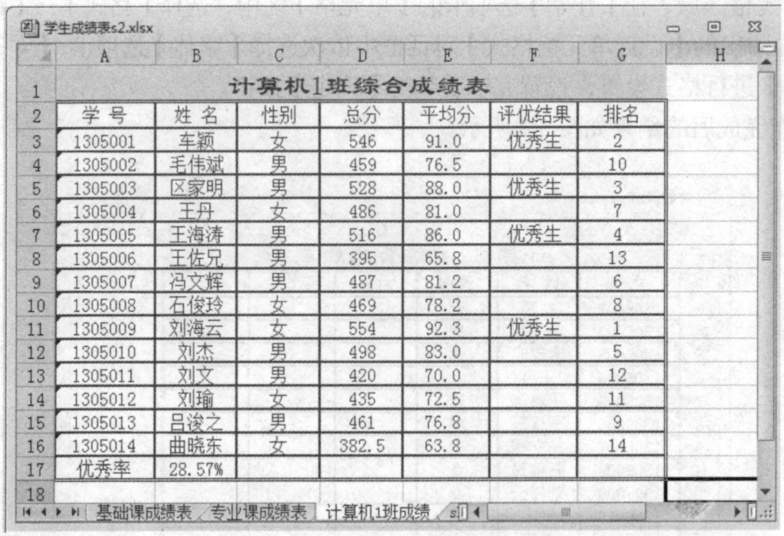

学生成绩表s2.xlsx

	A	B	C	D	E	F	G	H
1	计算机1班综合成绩表							
2	学号	姓名	性别	总分	平均分	评优结果	排名	
3	1305001	车颖	女	546	91.0	优秀生	2	
4	1305002	毛伟斌	男	459	76.5		10	
5	1305003	区家明	男	528	88.0	优秀生	3	
6	1305004	王丹	女	486	81.0		7	
7	1305005	王海涛	男	516	86.0	优秀生	4	
8	1305006	王佐兄	男	395	65.8		13	
9	1305007	冯文辉	男	487	81.2		6	
10	1305008	石俊玲	女	469	78.2		8	
11	1305009	刘海云	女	554	92.3	优秀生	1	
12	1305010	刘杰	男	498	83.0		5	
13	1305011	刘文	男	420	70.0		12	
14	1305012	刘瑜	女	435	72.5		11	
15	1305013	吕浚之	男	461	76.8		9	
16	1305014	曲晓东	女	382.5	63.8		14	
17	优秀率	28.57%						
18								

图 5.8 公式与函数的使用样例

② 在编辑栏中输入“=”，然后单击“基础课成绩表”工作表标签，接着单击 E3 单元格，这时编辑栏中显示内容为“=基础课成绩表!E3”，在其后输入“+”，接着单击 F3 单元格，再在其后输入“+”，接着单击 G3 单元格。

③ 这时编辑栏中显示内容为“=基础课成绩表!E3+基础课成绩表!F3+基础课成绩表!G3”，在其后输入“+”，接着单击“专业课成绩表”工作表标签，然后单击 C3 单元格，在其后输入“+”，接着单击 D3 单元格，再在其后输入“+”，接着单击 E3 单元格。

④ 这时编辑栏中显示内容为“=基础课成绩表!E3+基础课成绩表!F3+基础课成绩表!G3+专业课成绩表!c3+专业课成绩表!D3+专业课成绩表!E3”，按回车键或单击编辑栏中的【√】，完成公式的输入，则在“计算机 1 班成绩”工作表的 D3 单元格中显示出计算结果。

⑤ 选择“计算机 1 班成绩”工作表的 D3 单元格，用鼠标拖动 D3 单元格的填充柄，向下自动填充到 D16 单元格，则在 D4～D16 单元格中均显示出计算结果。

（2）“平均分”列数据的计算方法如下。

① 选择“计算机 1 班成绩”工作表作为当前工作表，单击 E3 单元格。

② 单击编辑栏中的“插入函数”图标 *fx*，在弹出的【插入函数】对话框中选择 AVERAGE 函数，然后单击【确定】按钮，系统弹出如图 5.9 所示的【函数参数】对话框，将光标定位在【Numberl】栏，选择“基础课成绩表”工作表中的 E3:G3 作为函数参数区域；单击【Number2】栏，选择“专业课成绩表”工作表中的 C3:E3 作为函数参数区域。

③ 单击【确定】按钮，公式输入完毕，计算结果显示在“计算机 1 班成绩”表的 E3 单元格中。选择 E3 单元格，用鼠标拖动 E3 单元格的填充柄，向下自动填充到 E16 单元格，则在 E4～E16 单元格中均显示出计算结果。

④ 选择 E3～E16 单元格，在【开始】选项卡的【单元格】区中，选择【格式】→【设置单元格格式】命令，在弹出的【设置单元格格式】对话框中选择【数字】选项卡，然后在【分类】框中选择【数值】，在【小数位数】微调框中选择【1】，最后单击【确定】按钮完成设置，如图 5.10 所示。

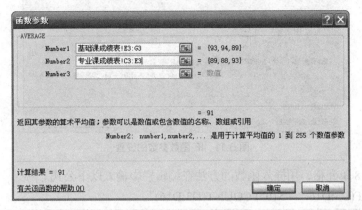

图 5.9　【函数参数】对话框

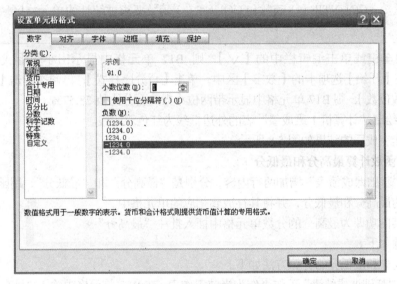

图 5.10　单元格数值的设置

（3）利用 IF 函数评选优秀生，将评选结果显示在第 F 列对应的单元格中。

① 在"计算机 1 班成绩"工作表的"平均分"列之后插入一列，在 F2 单元格输入"优秀生"。操作步骤（略）。

② 单击 F3 单元格，再单击公式栏中的"插入函数"图标 *fx*，在弹出的【插入函数】对话框的【选择函数】栏中，选择 IF 函数，然后单击【确定】按钮。

③ 弹出如图 5.11 所示的【函数参数】对话框，在【Logical_test】栏中输入逻辑条件"D3>=510"，在【Value_if_true】栏中输入"优秀生"，在【Value_if_false】栏中输入空格。

④ 单击【确定】按钮。此时编辑栏中显示的公式为"=IF(D3>=510,"优秀生"," ")"（注意：双引号为英文字符型）。

⑤ 选择 F3 单元格，用上述向下自动填充的方法将 F4～F16 单元格的值显示出来。其中，F3、F5、F7、F11、F12、F15 单元格的值显示为"优秀生"。

（4）计算"优秀率"。

① 在"计算机 1 班成绩"工作表的 A17 单元格输入"优秀率"，操作步骤略。

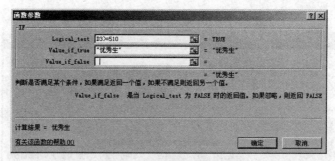

图 5.11　IF 函数参数的设置

② 单击 B18 单元格，用插入函数的方法在编辑栏中输入以下公式。

"=COUNTIF(D3:D16,">=510")/COUNT(D3:D16)"。

注意　COUNTIF（ ）函数和 COUNT（ ）函数要求被统计的单元格区域为数值型。

③ 按回车键或单击编辑栏中的【√】，则 B17 单元格中显示出小数形式的计算结果 "0.2857"。在【开始】选项卡的【数字】区中，单击【百分比样式】，再两次单击【数字】区中的【增加小数位数】，则 B17 单元格中显示带两位小数的百分比值 28.57%。

④ 重新绘制"计算机 1 班成绩"表的外边框线为红色双实线。

以上操作完成后的结果如图 5.8 所示。

2．利用函数计算最高分和最低分

（1）为"基础课成绩表"增加两行内容，分别是"最高分"和"最低分"，用函数计算该表中每门功课的最高分和最低分，并将其存放到相应的单元格中。

（2）在某门功课为最高分的分数单元格中插入批注"最高分"。

操作步骤如下。

（1）最高分和最低分的计算方法如下。

① 选择"基础课成绩表"工作表作为当前工作表，在 B17 单元格中输入"最高分"，在 B18 单元格中输入"最低分"。

② 选择 E17 单元格，单击公式栏中的"插入函数"图标 f_x，选择 MAX 函数。

③ 单击【确定】按钮，在弹出的【函数参数】对话框的【Number1】栏中输入 E3:E16。

④ 单击【确定】按钮，公式输入完毕，计算结果显示在 E17 单元格中。

⑤ 选择 E17 单元格，用鼠标拖动 E17 单元格的填充句柄，向右自动填充到 F17～G17 单元格，将其值显示出来。

⑥ 选择 E18 单元格，单击编辑栏中的"插入函数"图标 f_x，选择 MIN 函数，在【函数参数】对话框的【Number 1】栏输入 E3:E16。

⑦ 单击【确定】按钮，则计算结果显示在 E18 单元格中。同样用向右自动填充的方法将 F18～G18 单元格的值显示出来。

（2）为最高分单元格插入批注。以"高等数学"课程为例，最高分为 98 分，位于 E11 单元格中。

选择 E11 单元格，在【审阅】选项卡的【批注】区中，单击【新建批注】按钮，在弹出的编辑框中输入批注内容"最高分"，如图 5.12 所示。

用同样的方法为"大学英语"和"计算机基础"课程的最高分单元格插入批注，批注内容为"最高分"。

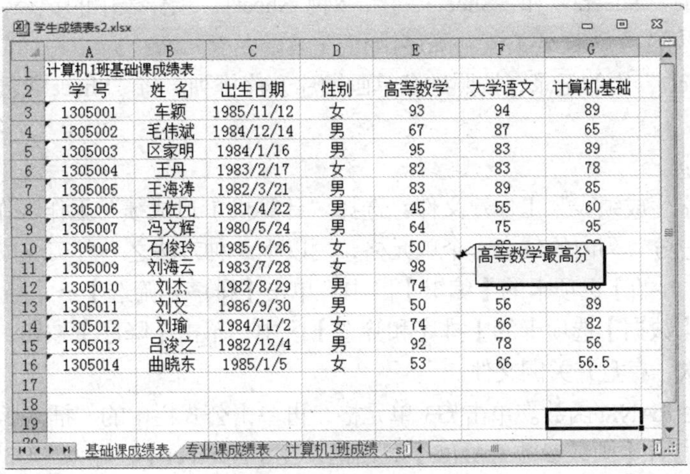

图 5.12　插入批注样例

实验四　数据处理

一、实验目的

（1）熟练掌握数据排序的方法。

（2）熟练掌握自动筛选的方法。

（3）掌握高级筛选的方法。

（4）熟练掌握分类汇总的方法。

二、实验内容及步骤

1. 排序操作

（1）打开"学生成绩表 S4"工作簿文件。对"计算机 1 班成绩"表按总分递减排序，并输入总分排名。操作结果如图 5.13 所示。

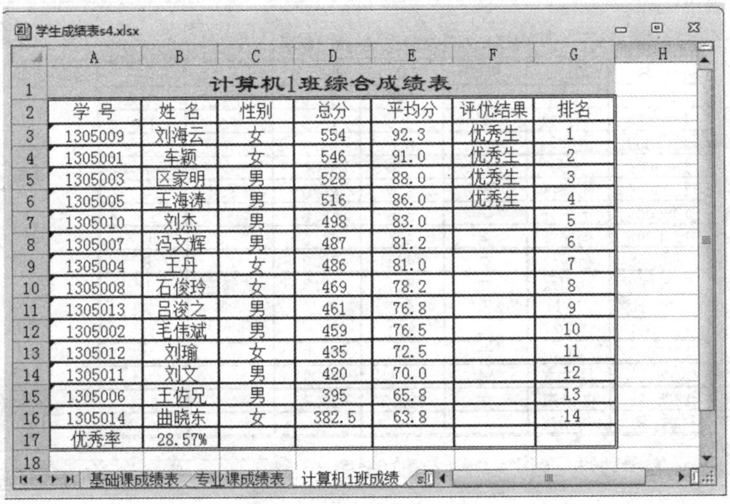

图 5.13　简单排序样例

（2）打开"职工情况表"工作簿文件，将"职工基本情况表"工作表中的数据清单内容分别复制到"Sheet1""Sheet2"和"Sheet3"中。对"Sheet1"工作表中的记录，以"部门"为主要关键字升序、"姓名"为次要关键字降序排列。

（3）对"Sheet1"中的记录，按照姓名笔画顺序升序排列。将"Sheet1"工作表标签改名为"排序结果"。

操作步骤如下。

（1）打开"学生成绩表"工作簿文件，选择"计算机1班成绩"工作表作为当前工作表，选择排序字段"总分"列内的任意一个单元格，用以下3种方法之一可实现按总分排序。

方法1：在【开始】选项卡的【编辑】区中，单击【排序和筛选】→【降序】命令。

方法2：在【数据】选项卡的【排序和筛选】区中，单击【降序】按钮，在"总排名"列中输入相应的名次，存盘并关闭文件。

方法3：使用RANK函数。单击G3单元格，再单击公式栏中的"插入函数"图标 *fx*，选择RANK函数，打开【函数参数RANK】对话框，在【Number】栏输入"D3"，【Ref】栏中输入"$D$3:$D$16"，【Order】栏中输入"0"，如图5.14所示为【Rank函数参数】对话框，单击【确定】按钮；选择G3单元格，用鼠标拖动G3单元格的填充句柄，向下自动填充到G4～G16单元格，将其值显示出来。如图5.15所示为排序后的样例。

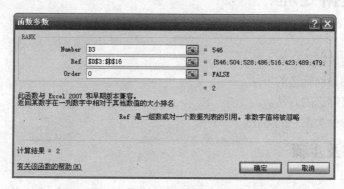

图5.14 【Rank函数参数】对话框

学号	姓名	性别	总分	平均分	评优结果	排名
计算机1班综合成绩表						
1305001	车颖	女	546	91.0	优秀生	2
1305002	毛伟斌	男	459	76.5		10
1305003	区家明	男	528	88.0	优秀生	3
1305004	王丹	女	486	81.0		7
1305005	王海涛	男	516	86.0	优秀生	4
1305006	王佐兄	男	395	65.8		13
1305007	冯文辉	男	487	81.2		6
1305008	石俊玲	女	469	78.2		8
1305009	刘海云	女	554	92.3	优秀生	1
1305010	刘杰	男	498	83.0		5
1305011	刘文	男	420	70.0		12
1305012	刘瑜	女	435	72.5		11
1305013	吕浚之	男	461	76.8		9
1305014	曲晓东	女	382.5	63.8		14
优秀率	28.57%					

图5.15 使用排序后的样例

（2）打开"职工情况表4"工作簿文件，选择"sheet1"作为当前工作表，表中的记录如图 5.16 所示。将数据清单内容分别复制到"Sheet1""Sheet2"和"Sheet3"工作表中，选择"Sheet1"作为当前工作表，选择数据清单内的任意一个单元格。用以下两种方法之一实现排序。

职工号	姓名	部门	性别	基本工资	补贴	扣款	实发工资
1001	李华文	生产部	男	500	1500	30	1970
1002	林宋权	销售部	男	400	1050	25	1425
1003	高玉成	销售部	女	450	1400	35	1815
1004	陈青	生产部	男	600	2650	40	3210
1005	李忠	生产部	女	400	1800	30	2170
1006	林明江	技术部	女	750	1650	50	2350
1007	罗保列	技术部	男	550	1450	45	1955

图 5.16 职工基本情况表

方法 1：在【开始】选项卡的【编辑】区中，选择【排序和筛选】→【自定义排序】命令。

方法 2：在【数据】选项卡的【排序和筛选】区中，单击【排序】命令，打开【排序】对话框，在【主要关键字】列表框中选择【部门】，并选择【升序】选项；单击【添加条件】，在【次要关键字】列表框中选择【姓名】，并选择【降序】选项，如图 5.17 所示。单击【确定】按钮，完成排序操作。

图 5.17 【排序】对话框

仔细观察排序的结果，体会主要关键字和次要关键字的作用。

（3）在"Sheet1"工作表中选择数据清单内的任意一个单元格，用以下两种方法之一实现排序。

方法 1：在【开始】选项卡的【编辑】区中，单击【排序与筛选】→【自定义排序】命令，弹出【排序】对话框。

方法 2：在【数据】选项卡的【排序和筛选】区中，单击【排序】命令，打开【排序】对话框。在【主要关键字】列表框中选择【姓名】，并选择【升序】选项；在【排序】对话框中，单击【选项】按钮；在打开的【排序选项】对话框中，选择【方法】栏中的【笔画排序】，单击【确定】按钮，返回【排序】对话框，再次单击【确定】按钮完成排序。将"Sheet1"工作表标签改名为"排序结果"，并仔细观察排序的结果。

2．自动筛选操作

（1）在"职工情况表"工作簿的"Sheet2"工作表中筛选出部门为"生产部"的员工，在

"Sheet2"中筛选出"基本工资"超过 500 元的人员（包括 500 元），在"Sheet2"中筛选出姓"罗"的人员，在"Sheet2"中筛选出"基本工资"的值按降序排列（或按升序排列）的前 3 条记录。

（2）在"Sheet2"中筛选出"基本工资"为 450～700 元（包括 450 元和 700 元）的记录。

（3）在"Sheet2"中筛选出"部门"为"生产部"、"性别"为"女"、"基本工资"大于等于 400 元的记录。

操作步骤如下。

（1）在"职工情况表"工作簿的"Sheet2"工作表中筛选出部门为"生产部"的员工，有以下两种方法。

方法 1：选择"职工情况表"文件中的"Sheet2"作为当前工作表，选择数据清单中的任何一个单元格，在【开始】选项卡的【编辑】区中，选择【排序与筛选】→【筛选】命令。

方法 2：在【数据】选项卡的【排序和筛选】区中，选择【筛选】命令，则每个字段右侧增加了一个"▼"下拉按钮，单击"部门"单元格右侧的"▼"按钮，在下拉列表框中选择【生产部】，如图 5.18 所示，则数据清单只显示"部门"为"生产部"的记录。

单击工作表第 1 行"部门"单元格右侧的"▼"按钮，在下拉列表框中选择【全选】，如图 5.19 所示，撤销上一次的自动筛选。

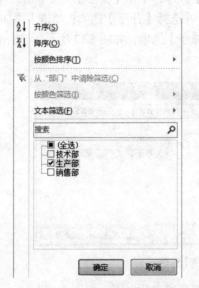

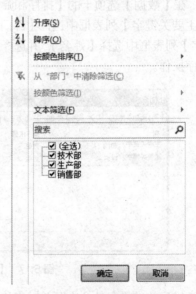

图 5.18　自动筛选出"生产部"　　　　　图 5.19　撤销自动筛选

筛选出"基本工资"达到并超过 500 元的人员，有以下两种方法。

方法 1：单击"基本工资"单元格右侧的"▼"按钮，然后选择【数字筛选】→【大于或等于】命令。

方法 2：单击"基本工资"单元格右侧的"▼"按钮，在下拉列表框中选择【数字筛选】→【自定义筛选】，弹出【自定义自动筛选方式】对话框。在该对话框中，单击【基本工资】列表框的下拉箭头，从中选择【等于】运算符，在其右侧的组合框中输入"500"，如图 5.20 所示，单击【确定】按钮完成自动筛选。

在"Sheet2"中筛选出姓"罗"的人员，操作步骤如下。

撤销上一次的自动筛选，单击"姓名"单元格右侧的"▼"按钮，在下拉列表框中选择【文本筛选】→【自定义筛选】命令，在弹出的【自定义自动筛选方式】对话框中单击【姓名】列表框的下拉箭头,从中选择【等于】运算符,在其右侧的组合框中输入"罗*",单击【确定】按钮完成自动筛选。

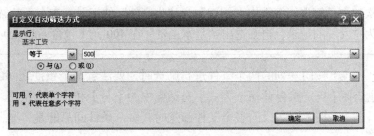

图 5.20 【自定义自动筛选方式】对话框

在"Sheet2"中筛选出"基本工资"的值按降序排列(或按升序排列)的前 3 条记录,操作步骤如下。

撤销上一次的自动筛选,单击"基本工资"单元格右侧的"▼"按钮,在下拉列表框中选择【数字筛选】菜单中的【10 个最大的值】命令,在左边的列表框中选择【最大】(若按升序排序,则选择【最小】),将微调按钮框中的"10"改为"3",如图 5.21 所示,单击【确定】按钮完成自动筛选。

图 5.21 "基本工资值"按降序排列的前 3 条记录

(2)在"Sheet2"中筛选出"基本工资"为 450~700 元(包括 450 元和 700 元)的记录,操作步骤如下。

撤销上一次的自动筛选,单击"基本工资"单元格右侧的"▼"按钮,在下拉列表框中选择【数字筛选】→【自定义筛选】命令,在【自定义自动筛选方式】对话框中,按图 5.22 所示的内容选择和设置相应的项,单击【确定】按钮完成自动筛选。

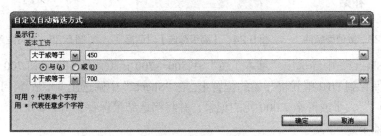

图 5.22 按条件"与"筛选

（3）在"Sheet2"中筛选出"部门"为"生产部"、"性别"为"女"、"基本工资"大于400元的记录，操作步骤如下。

撤销上一次的自动筛选，筛选出"部门"为"生产部"的记录，在上面的筛选结果中，筛选出"性别"为"女"的记录，再筛选出"基本工资"在400元（包含400元）以上的记录。

（1）按同一列的两个条件进行筛选时，要注意两个条件之间的关系，正确地选择【自定义自动筛选方式】对话框中的【与】和【或】按钮。

（2）按不同字段的多个条件筛选时，多个条件间只能是"与"的关系。

3．高级筛选操作

（1）在"Sheet3"中筛选出"基本工资"超过600元的人员（包括600元）、"部门"为"技术部"的人员，将筛选结果保存到A10单元格开始的位置上。

操作步骤如下。

① 在数据清单的右侧（或下方）空白处输入筛选条件，条件区域与数据区域应空一行或一列，将列名"基本工资"复制到J1单元格中（或在J1单元格中输入"基本工资"），在J2单元格中输入条件值">=600"，如图5.23所示。

② 单击数据清单内的任意单元格，在【数据】选项卡的【排序和筛选】区中，单击【高级】命令，弹出【高级筛选】对话框，然后进行如图5.24所示的设置。观察【数据区域】文本框中所示的区域是否为数据清单所在区域（A1:H8），如果有错误，则单击【列表区域】右侧的切换按钮，重新选择数据范围。

③ 单击【条件区域】右侧栏，选择J1:J2单元格区域，在【方式】栏中选择【将筛选结果复制到其他位置】，在【复制到】文本框中单击A10单元格。

④ 单击【确定】按钮，则筛选结果显示在A10单元格开始的位置上。

⑤ 删除上一次的高级筛选条件和筛选结果。在J1:J2区域输入如图5.25所示的筛选条件。

⑥ 单击数据清单内的任意单元格，在【数据】选项卡的【排序和筛选】区中，单击【高级】命令，在如图5.24所示的【高级筛选】对话框的【方式】栏中选择【在原有区域显示筛选结果】。此时，【复制到】文本框呈现灰色不可用状态。其他设置与图5.24相同，单击【确定】按钮，则筛选结果显示在数据清单原来的位置上。

图5.23　数值型条件　　　　图5.24　【高级筛选】对话框　　　图5.25　字符型条件

（2）在"Sheet2"中筛选出"基本工资"在500～700元（包括500元和700元）的记录，并将筛选结果保存到D10单元格开始的位置上。在"Sheet2"中筛选出"补贴"小于或等于1 500元，或者"补贴"大于或等于2 000元的记录，并将筛选结果保存到K3单元格开始的位置上。

操作步骤如下。

① 清除上一次高级筛选的结果。高级筛选操作步骤同上，条件区域的设置如图5.26所示。

在如图 5.24 所示的【高级筛选】对话框中，在【复制到】文本框中设置为【Sheet2！$A$10】，单击【确定】按钮，则筛选结果显示在 A10 单元格开始的位置上。

② 删除上一次高级筛选条件和筛选结果。在 K1:K3 区域输入如图 5.27 所示的筛选条件。高级筛选操作步骤同上。

（3）筛选出"学生成绩管理.xlsx"工作簿的"基础课成绩表"工作表中至少有一门课程不及格的记录，将筛选结果保存到 A20 单元格开始的位置上。

操作步骤如下。

打开"学生成绩管理"工作簿文件，选择"基础课成绩表"工作表作为当前工作表，设置如图 5.28 所示的条件区域。高级筛选操作步骤同上。

图 5.26　同一行两个条件"与"　　图 5.27　同一列两个条件"或"　　图 5.28　多个筛选条件"或"关系

（1）上述操作的筛选结果为空。可适当修改数据清单中某些成绩的值，使之包含满足条件的记录。

（2）进行高级筛选操作时，需要注意以下几点。

① 掌握数据清单的概念。

● 数据清单的每一列必须有且只能有唯一的一个名字。

● 同一列中的数据具有相同的数据类型。

● 一个数据清单内不允许有空行、空列或空白单元格。

● 一张工作表中可以存放多个数据清单，但两个数据清单之间要有空行或空列隔开。

● 数据清单内不允许有合并单元格操作后形成的单元格。

② 筛选条件的输入规则如下。

● 条件区域也是一个数据清单，因此与被筛选的原始数据清单之间必须隔开至少一行或一列。

● 在输入条件时，建议尽量用复制的方法形成筛选条件中用到的列名或条件值，以免出错。

● 条件值一定要存在，且条件值必须在列名下方的单元格中输入。

● 有两个或两个以上条件筛选时，不管条件之间是"与"，还是"或"，条件中用到的列名都要在同一行中并且连续输入。

● 当条件之间是"与"的关系时，它们的条件值必须写在同一行上；当条件之间是"或"的关系时，它们的条件值必须写在不同行上。

③ 撤销上一次高级筛选仅对筛选方式为【在原有区域显示筛选结果】的筛选操作有效，而对于筛选方式为【将筛选结果复制到其他位置】的筛选操作是无效的。后者，只能用删除的方法删除筛选结果。

4．数据的分类汇总

（1）对"职工情况表"工作簿的"Sheet3"工作表中的记录计算并查看各部门基本工资和实发工资的总和。

操作步骤如下。

① 选择"职工情况表"工作簿中的"Sheet3"工作表作为当前工作表，选择数据清单内的任意一个单元格，在【数据】选项卡的【排序和筛选】区中，单击【排序】命令，在弹出的【排序】对话框中的【主要关键字】下拉列表中选择【部门】，单击【确定】按钮。

② 在【数据】选项卡的【分级显示】区中，单击【分类汇总】命令，在弹出的【分类汇总】对话框中，单击【分类字段】下方的列表框，选择【部门】，单击【汇总方式】下方的列表框，选择【求和】，在【选定汇总项】下方的列表框中，勾选【基本工资】和【实发工资】复选框，如图5.29所示，单击【确定】按钮完成分类汇总操作。依次单击数据清单左侧的【1】、【2】、【3】按钮和【+】、【−】按钮分级显示数据，仔细观察执行结果。

图5.29 【分类汇总】对话框

（2）在第（1）步分类汇总的基础上，查看各部门中每一种职称的最低基本工资和最低实发工资值；查看各部门中每一种性别的人数。

① 查看各部门中每一种职称的最低基本工资和最低实发工资值，操作步骤如下。

在第（1）步分类汇总的基础上，选择数据清单内的任意一个单元格，在【数据】选项卡的【分级显示】区中，单击【分类汇总】命令，在弹出的【分类汇总】对话框中，单击【分类字段】下方的列表框，选择【性别】；单击【汇总方式】下方的列表框，选择【最小值】；【选定汇总项】下方的列表框中的内容不变，取消【替换当前分类汇总】复选框的勾选，单击【确定】按钮完成分类汇总操作。

② 查看各部门中每一种性别的人数，操作步骤如下。

打开【分类汇总】对话框，单击【全部删除】按钮，清除前面所做的分类汇总。重复第（1）步分类汇总操作，在第（1）步分类汇总的基础上，再次打开【分类汇总】对话框，在【分类字段】下方的列表框中单击【性别】；在【汇总方式】下方的列表框中选择【计数】；在【选定汇总项】下方的列表框中选择【性别】，取消【基本工资】和【实发工资】复选框的勾选，再取消【替换当前分类汇总】复选框的勾选。单击【确定】按钮完成分类汇总操作。

注意

进行分类汇总操作时，需要注意以下几点。

（1）分类汇总的功能是将数据清单中的每类数据进行汇总。该命令不具备把同一类数据排列在一起的功能。如果在汇总之前，没有先按分类字段进行排序，则该命令将不能起到汇总的作用。

（2）分类汇总的前提条件是必须先按照分类字段排序，然后再做分类汇总。

（3）在汇总之前做排序时，排序关键字段必须与分类汇总所用的分类字段保持一致。

实验五 数据图表化

一、实验目的

（1）掌握创建图表的方法。

（2）掌握图表的编辑和格式化。

（3）熟练掌握图表工具栏的使用。

（4）掌握工作表的页面设置和打印预览方法，学会使用分页显示。

二、实验内容及步骤

1．创建图表

（1）打开"学生成绩表 S5"工作簿文件的"专业课成绩表"，根据"姓名""数据结构"和"数据库原理"列的数据，创建一个嵌入式三维簇状柱形图，如图 5.30 所示，图表位于"专业课成绩表"工作表中数据清单的下方。

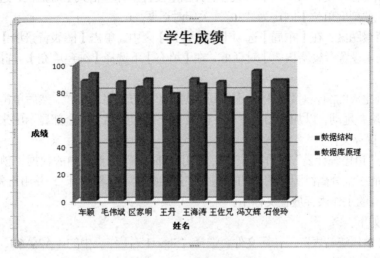

图 5.30　三维簇状柱形图

操作步骤如下。

① 打开"学生成绩表 S5"工作簿文件，将"专业课成绩表"作为当前工作表。选择数据清单中 8 位同学的"姓名""数据结构"和"数据库原理"列的数据，即（B1:B9）、（D1:E9）单元格区域。

② 在【插入】选项卡的【图表】区中，单击【柱形图】→【三维簇状柱形图】，弹出如图 5.31 所示的三维簇状柱形图。选择该图表，使之成为活动窗口。

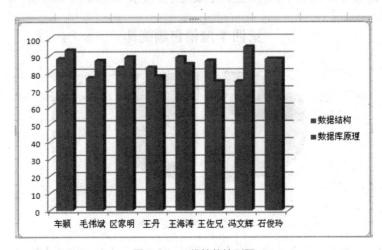

图 5.31　三维簇状柱形图

③ 在【布局】选项卡的【标签】区中，选择【坐标轴标题】→【主要横坐标轴标题】→【坐标轴下方标题】命令，输入"姓名"。

④ 同理，选择【主要纵坐标轴标题】下的【横排标题】，输入"成绩"。

⑤ 选择【图表标题】下拉列表中的【图标上方】命令，输入"学生成绩"。

⑥ 在【布局】选项卡的【坐标轴】区中，单击【坐标轴】→【主要横坐标轴】→【其他主要横坐标轴选项】，在弹出的【设置坐标轴格式】对话框中，选择【对齐方式】→【中部居中】，将【文字方向】设置为【横排】。

⑦ 设置纵坐标刻度：双击纵坐标数字，弹出【设置坐标轴格式】对话框，选择【坐标轴选项】，设置【主要刻度单位】固定为"20"，关闭对话框。

⑧ 设置背景图案：在【布局】选项卡的【背景】区中，单击【图表背景墙】→【其他背景墙选项】，弹出【设置背景墙格式】对话框，在【填充】下选择【纯色填充】，选择相应的颜色，关闭对话框。

⑨ 选择刚生成的图表对象，将它拖放到数据清单下方适当的位置，然后单击图表区右边框中间的小黑方块并拖动，以加大图表宽度，使 X 轴上的学生姓名能全部显示出来。操作结果如图 5.30 所示。保存文件。

（2）打开"销售统计表"工作簿文件，利用"Sheet1"工作表中的数据，创建第四季度各分公司销售额的三维分离饼图，图表的标题为"第四季度销售额统计"，并用百分比表示比例，将图表作为独立的工作表存放在文件中。

操作步骤如下。

① 打开"销售统计表"工作簿文件，选择"Sheet1"工作表中的（A2:A6）、（E2:E6）单元格区域作为图表数据源。

② 在【插入】选项卡的【图表】区中，单击【饼图】按钮，选择其中的【分离型三维饼图】。

③ 输入标题，有以下两种方法。

方法 1：单击图表标题区域，在其中输入"第四季度销售额统计"。

方法 2：单击图表，使之成为活动窗口。在【布局】选项卡的【标签】区中，单击【图表标题】→【图表上方】，输入"第四季度销售额统计"；同样，在【标签】区中，单击【数据标签】→【其他数据标签选项】，弹出【设置数据标签格式】对话框，在其中的【标签选项】栏中选择【百分比】，在【标签位置】栏中选择【数据标签外】，结果如图 5.32 所示。

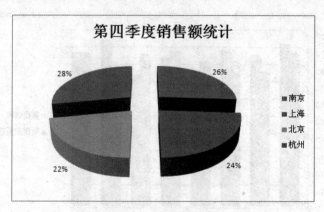

图 5.32　独立图表样例

④ 选择图表，在【设计】选项卡的【位置】区中，单击【移动图表】按钮，在弹出的【移

动图表】对话框中选择【新工作表】，单击【确定】按钮，则生成独立的图表工作表，工作表标签名默认为"Chart1"。

2．图表的编辑和修改

（1）对如图 5.30 所示的图表进行如下设置。

① 设置图表标题的字体为隶书 20 号。

② 设置坐标轴标题的字体为宋体加粗 12 磅、数值轴标题为垂直方向。

③ 设置数值轴的刻度最小值为 50，主要刻度单位为 15。

④ 设置图表区圆角阴影边框线和信纸纹理。

⑤ 设置绘图区蓝、白双色斜下底纹样式。

⑥ 设置图例的格式为填充色为红色，位置在底部。

以上操作的结果如图 5.33 所示。

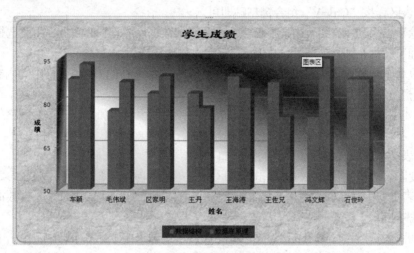

图 5.33　图表格式化样例

操作步骤如下。

选择格式化对象，单击鼠标右键，在快捷菜单中选择相应的格式化命令，打开相应的格式设置对话框，进行格式化。具体设置的操作如下。

① 格式化标题：选择标题文字单击鼠标右键，选择快捷菜单中的【字体】命令，然后在【字体】选项卡中设置字体和字号；单击【确定】按钮。

② 格式化数值轴：选择数值轴单击鼠标右键，选择快捷菜单中的【设置坐标轴格式】命令，在【坐标轴选项】选项卡中，输入最小值固定为"50"，主要刻度单位固定为"15"，单击【关闭】按钮。选择数值轴标题"成绩"并双击，在【对齐方式】选项卡中，设置文字方向为【竖排】，单击【关闭】按钮。

③ 格式化图表区：选择图表区单击鼠标右键，选择快捷菜单中的【设置图表区域格式】命令，在弹出的【设置图表区格式】对话框中，选择【边框样式】中的【圆角】复选框；选择【阴影】下的【预设】下拉列表中的【右下斜偏移】；然后选择【填充】下的【图片或纹理填充】，在【纹理】中选择【信纸】，单击【关闭】按钮。

④ 格式化绘图区：选择绘图区，用鼠标右键单击该区域，然后选择快捷菜单中的【设置背景墙格式】命令，单击【填充】按钮，选择右边的【渐变填充】，在【渐变光圈】滑块上保留 2 个渐变光圈，左侧光圈选蓝色，右侧光圈选白色，【方向】选【线性对角—右上到左下】，单击

【关闭】按钮。

⑤ 格式化图例：选择图例单击鼠标右键，选择快捷菜单中的【设置图例格式】命令，在【填充】下选择【纯色填充】，填充颜色选择【红色】；单击【图例选项】，图例位置选择【底部】，单击【关闭】按钮。

（2）对如图 5.33 所示的图表进行如下操作。

① 将图 5.33 中 8 名学生的"C 语言"成绩添加到图表中。

② 删除图表中的"数据库原理"成绩。

③ 将冯文辉的"数据结构"成绩由 75 分改为 94 分。

操作步骤如下。

图表中数据系列的添加、删除和单个数据的修改操作如下。

① 添加数据系列：选择"C 语言"列所在的区（C1:C9），按"Ctrl+C"组合键复制数据，然后选择图表区，按"Ctrl+V"组合键粘贴即可。

② 删除数据系列：在图表中选择任意一个表示"数据库原理"的数据，由此选择图表中的"数据库原理"数据系列，然后按"Delete"键完成删除操作。

③ 修改单个数据：直接将冯文辉的"数据结构"成绩所在的 D9 单元格中的内容改为 94，此时图表中相应的柱形将升高。

（3）将如图 5.33 所示的图表改为数据点折线图，为该图表添加数值轴主要网格线，显示数据表。

改变图表类型、图表选项和位置的操作如下。

① 改变图表类型：用鼠标右键单击图表区，在快捷菜单中选择【更改系列图表类型】命令，在【更改图表类型】对话框的左侧选择【折线图】，在右侧折线图区域中选择【带数据标记的折线图】，单击【确定】按钮。

② 添加图表选项：选择图表区，然后在【布局】选项卡的【标签】区中，单击【坐标轴标题】下拉列表中的命令，设置相应的横坐标轴和纵坐标轴标题；在【坐标轴】区中，单击【网格线】，在下拉列表中选择【主要纵网格线】→【主要网格线】命令；在标签区选择【模拟运算表】，在其下拉列表中选择【显示模拟运算表】命令。操作后的结果如图 5.34 所示。

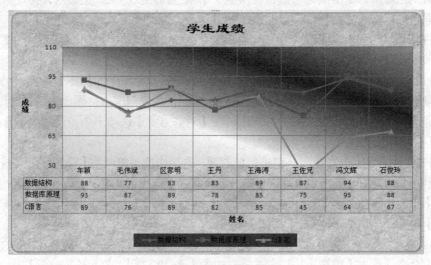

图 5.34　更改后的样例

3．工作表的页面设置和打印预览

（1）页面设置内容如下。

① 用 A4 纸横向打印"学生成绩管理"工作簿中的"计算机 1 班成绩"工作表，打印缩放比例为 85%。

② 设置上、下页边距为 3 厘米，左、右页边距为 1.5 厘米，页眉页脚的页边距为 2 厘米；文档水平、垂直居中。

③ 页眉内容为"学生成绩统计表"（居中对齐）、系统日期（右对齐），所有字体为黑体、10 磅；页脚为页码（居中对齐）。

④ 打印网格线和行号列标。

⑤ 预览设置效果。

操作步骤如下。

① 打开"学生成绩表"工作簿文件，选择"计算机 1 班成绩"工作表作为当前工作表。

② 在【文件】选项卡中选择【打印】命令，单击右侧底部的"页面设置"超链接，弹出【页面设置】对话框。

③ 在【页面】选项卡中选择【横向】单选按钮，输入【缩放比例】为"85"，选择【纸张大小】为默认值"A4"。

④ 在【页边距】选项卡中输入上、下页边距为 3 厘米，左、右页边距为 1.5 厘米，页眉页脚的页边距为 2 厘米；选择【居中方式】下的【水平】和【垂直】复选框。

⑤ 在【页眉/页脚】选项卡中，单击【自定义页眉】按钮，将插入点定位于【中】列标框中，单击【字体】按钮 A，选择黑体、10 磅字体，输入"学生成绩统计表"；将插入点定位于【右】列标框中，设置字体，单击【插入日期】按钮，再单击【确定】按钮；在【页脚】下拉列表中，选择【第 1 页】。

⑥ 在【工作表】选项卡中，选择【网格线】复选框和【行号列标】复选框，单击【确定】按钮，观察右侧窗格中的打印设置效果。

（2）分页预览：在"学生成绩管理"工作簿的"基础课成绩表"中，在第 11 行之前插入 2 行，在 A12 单元格中输入"成绩统计"，如图 5.35 所示，使用"分页预览"视图进行分页设置。

	A	B	C	D	E	F	G
1	学 号	姓 名	出生日期				
2	1305001	车颖	1985-11-12	性别	高等数学	大学语文	计算机基础
3	1305002	毛伟娥	1984-12-14	女	93	94	89
4	1305003	区家明	1984-1-16	男	87	89	88
5	1305004	王丹	1983-2	男		83	89
6	1305005	王海涛	1982-3	女		83	78
7	1305006	王佐兄	1981-4-22	男	83	89	85
8	1305007	冯文梅	1980-5-24	男	89	67	60
9	1305008	石俊玲	1985-6-26	男	64	96	95
10				女	60	88	88
11							
12	成绩统计						
13		最高分		第 2 页	95	96	95
14		最低分			60	67	60

图 5.35　分页设置样例

操作步骤如下。

① 单击"基础课成绩表"作为当前工作表，在第 11 行之前插入 2 行，在 A12 单元格中输入"成绩统计"。

② 插入分页符：选择 A12 单元格，单击【页面布局】选项卡【页面设置】区中的【分隔符】下拉列表中的【插入分页符】命令。

③ 使用【分页预览】视图：单击【视图】选项卡【工作簿视图】区中的【分页预览】命令，分页效果如图 5.35 所示。

④ 调整数据区域和分页线位置：将鼠标指针指向蓝色分页线的右下角，当鼠标指针呈双向箭头时，拖曳鼠标，移动分页线到 H22 单元格的位置释放。

单击【视图】选项卡【工作簿视图】区中的【普通】命令恢复普通视图。

实验六　Excel 综合练习

一、实验目的

（1）掌握 Excel 各种类型数据的输入及工作表的插入、移动、复制和重命名等的操作方法。

（2）熟练掌握单元格的格式设置方法。

（3）熟练掌握公式和常用函数的使用方法。

（4）掌握数据的排序与分类汇总的操作方法。

（5）掌握图表的编辑和格式化及页面设置和打印方法。

二、实验内容及步骤

1．建立工作表并存盘之一

在 Excel 2010 中建立如图 5.36 所示的工作表，然后按下列要求操作，操作完毕后，将操作结果以"test1.xlsx"为文件名存盘。

（1）将工作表"Sheet1"中的 A1 到 C1 单元格合并为一个单元格，内容居中，并设为黑体、16 磅。

（2）计算"年产量"列中的"总计"项以及"所占比例"列，将工作表标签设置为红色，并命名为"年生产量情况表"。

	A	B	C
1	某企业年生产量情况表		
2	产品种类	年产量	所占比例
3	电视机	1600	
4	空调	1980	
5	冰箱	2800	
6	总计		

图 5.36　实验内容 1 素材

（3）将"年生产量情况表"按"年产量"从小到大排序。

（4）取"年生产量情况表"中"产品种类"列和"所占比例"列的内容（不包括"总计"行）建立"分离型三维圆饼图"，数据标志为"百分比"，标题为"年生产量情况图"并插入到表的 A9 到 E18 区域内。

操作步骤如下。

（1）选择 A1:C1 单元格区域，在【开始】选项卡的【对齐方式】功能区中，单击【合并后居中】按钮。选择 A1 单元格，然后在【开始】选项卡的【字体】功能区中。利用相应的格式符将字体设置为黑体，字号设置为 16 磅。

（2）选择 B3:B6 单元格区域，在【开始】选项卡的【编辑】功能区中，单击【自动求和】按钮。选择 C3 单元格，输入"=B3/$B$6"，按回车键确认．再次选择 C3 单元格，单击【数字】功能区上的【百分比样式】按钮。保持选择 C3 单元格，将鼠标指针移到该单元格右下角的自动填充柄上，当鼠标指针变为实心"+"形状时，按住鼠标左键向下拖动到 C5 单元格；用鼠标右键单击工作表标签，在快捷菜单中选择【工作表标签颜色】命令，在弹出的【主题颜色】对话框中选择红色。双击工作表标签，输入"年生产量情况表"。然后在工作表空白处单击。

（3）单击"年产量"列中的任意一个单元格，然后在【开始】选项卡的【编辑】功能区中单击【排序和筛选】→【升序】。

（4）同时选择 A2:A5 和 C2:C5 区域，在【插入】选项卡的【图表】区中，单击【饼图】下拉列表中的【分离型三维饼图】。然后在【所占比例】后输入标题"年生产量情况图"；用鼠标右键单击饼图，在快捷菜单中选择【添加数据标签】命令（如果不是百分比，再次用鼠标右键单击饼图，在快捷菜单中选择【设置数据标签格式】命令，然后对其进行设置即可）。将刚建立的图表拖放到 A9:E18 区域，并进行适当的缩放。完成后将文件另存为"test1.xlsx"。

2．建立工作表并存盘之二

在 Excel 2010 中建立如图 5.37 所示的工作表，然后按下列要求操作，操作完毕后的结果如图 5.38 所示。将操作结果以"test2.Xlsx"为文件名存盘。

	A	B	C	D	E	F	G
1	项目	2008年	2009年	2010年	2011年	2012年	合计
2	产品销售收入	900	1015	1146	1226	1335	5622
3	产品销售成本	701	792	991	1008	1068	4560
4	产品销售费用	10	11	12	16	20	69
5	产品销售税金	49.5	55.8	63	69.2	73	310.5
6	产品销售利税	139.5	156.2	160	172.8	174	802.5

图 5.37　实验内容 2 素材

图 5.38　实验内容 2 样例

（1）在 G 列中增加合计列，并用公式计算出每个项目逐年的合计。为"项目"单元格加批注，批注内容为你本人的姓名。

（2）将数据列表 A1:G6 区域套用"表样式浅色 15"格式，并对合计值数据设置"货币样式"。

（3）生成一个销售收入与销售成本对比的柱型图表，最大刻度为 1 600，主要刻度单位为 400。

操作步骤如下。

（1）选择 G1 单元格，在其中输入内容"合计"。选择 C2:G2 区域，在【开始】选项卡的【编辑】区中，单击【自动求和】按钮。

（2）选择 A1 单元格单击鼠标右键，在快捷菜单中选择【插入批注】命令，在批注框中输入你的姓名，单击工作表空白处结束批注的输入。

（3）选择 A1:G6 区域，在【开始】选项卡的【样式】功能区中，单击【套用表格格式】下拉列表，选择【表样式浅式 15】，单击【确定】按钮。然后，在【设计】选项卡的【工具】功能区中，单击【转换为区域】，在打开的提示信息对话框中单击【是】按钮，设置自动套用格式。选择 G2:G6 区域，在【开始】选项卡的【数字】区中，单击【常规】旁边的箭头，然后单击【货币】命令，设置货币样式。

（4）选择 A1:F3 区域，在【插入】选项卡的【图表】区中，单击【柱形图】→【三维簇状柱形图】。选择已生成的图表，使之变为活动窗口。然后，在【布局】选项卡的【标签】区中，单击【图例】，选择【在顶部显示图例】。双击数值轴，在弹出的【设置坐标轴格式】对话框中选择【坐标轴选项】，在【最大值】后选择【固定】并在框中输入"1600"，在【主要刻度单位】后选择【固定】并在框中输入"400"，单击【关闭】按钮。将刚建立的图表拖放到适当的位置。完成后将文件另存为"test2.xlsx"。

3．建立工作表并存盘之三

在 Excel 2010 中建立如图 5.39 所示的工作表，该工作表中有上、下两张表。按如图 5.40 所示的给定样张排版样式进行如下操作，操作完毕后，将结果以"test3.xlsx"为文件名存盘。

	A	B	C	D	E	F
1	长江电气公司年度销售统计					
2	单位：万元					
3		南京分公司	上海分公司	苏州分公司	无锡分公司	产品合计
4	电机	35.43	23.65	18.37	22.89	
5	变压器	34.66	35.23	28.66	30.12	
6	电控柜	26.76	33.56	19.88	27.45	
7	电缆	27.44	18.88	27.99	19.77	
8	分公司占总公司的比例					
9	电机占本公司的比例					
10	公司年度总计					
11						
12	材料编号	材料名称	规格	密度	比热	导热系数
13	612282	铬钢	CR13	7745	460	26.8
14	721289	镍钢	NI44	8200	460	25.5
15	267218	碳钢	C0.5	7850	465	23.2
16	728192	碳钢	C2.0	7832	470	24.7
17	721271	铜合金	C1	8890	450	24.9
18	310820	铜合金	B	8760	465	22.1
19	117919	铜合金	H	8900	465	33.2
20	273199	镍钢	NI3.5	7867	470	23.6
21	219312	碳钢	C1.0	8650	460	35.5
22	923892	铬钢	CR5	6700	485	33.4
23	982321	镍钢	NI50	6500	475	29.1
24						

图 5.39　实验内容 3 素材

（1）按样张设置第 1 张表的标题为黑体、18 磅、下划双线、跨列居中；小标题右对齐、斜体。

（2）按样张对第 1 张表用公式进行计算，结果均保留两位小数。

（3）按样张将第 1 张表中的数据对齐，第 2～6 列取最适合的列宽，加分隔线，加浅灰色底纹。

（4）按样张格式将第 2 张表按材料名称进行分类汇总。

（5）按样张对第 1 张表在 F12:K33 区域中作图。

（6）将纸张大小设为 A4，横向打印，取消页眉页脚，取消打印网格线。

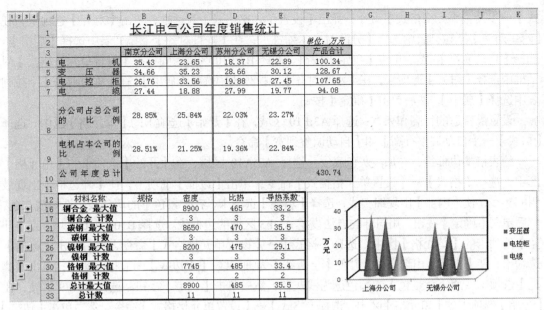

图 5.40　实验内容 3 样例

操作步骤如下。

（1）设置大标题格式：选择 A1 单元格，在【开始】选项卡的【字体】区中，利用格式按钮将字体设为黑体，字号为 18 磅，设置双下画线；保持选择 A1 单元格，在编辑栏中删除标题前后的空格；选择标题跨列区域 A1:F1，在【开始】选项卡的【对齐方式】区中，单击【合并后居中】按钮。

设置小标题格式：将 A2 单元格中的内容移动到 F2 单元格中；选择 F2 单元格，在【开始】选项卡的【对齐方式】区中，单击【文本右对齐】按钮；在【开始】选项卡的【字体】区中，单击【倾斜】按钮。

（2）计算"产品合计"列：选择 B4:F4 区域，在【开始】选项卡的【编辑】区中，单击【自动求和】按钮。选择 F4 单元格，将鼠标指针移到该单元格右下角的自动填充柄上，当鼠标指针变为实心"+"形状时，按住鼠标左键向下拖动到 F7 单元格。选择 F4:F7 区域，单击两次数字区上的【增加小数位数】按钮（保留 2 位小数）。

计算"公司年度总计"：选择 F10 单元格，在【开始】选项卡的【编辑】区中，单击【自动求和】按钮，用鼠标重新选择求和区域 F4:F7，然后按回车键即可。

计算"分公司占总公司的比例"：选择 B8 单元格，输入"=（B4+B5+B6+B7）/$F$10"，按回车键确认。保持选择 B8 单元格，在【开始】选项卡的【数字】区中，单击【百分比样式】按钮，然后单击两次【增加小数位数】按钮（保留 2 位小数）。保持选择 B8 单元格，将鼠标指针移到该单元格右下角的自动填充柄上，当鼠标指针变为实心"+"形状时，按住鼠标左键向右拖动到 E8 单元格。

计算"电机占本公司的比例"：选择 B9 单元格，输入"=B4/（B4+B5+B6+B7）"，按回车键确认。保持选择 B9 单元格，在【开始】选项卡的【数字】区中，单击【百分比样式】按钮，单击两次【增加小数位数】按钮（保留 2 位小数）。保持选择 B9 单元格，将鼠标指针移到该单元格右下角的自动填充柄上，当鼠标指针变为实心"+"形状时，按住鼠标左键向右拖动到 E9 单元格。

（3）表格内容对齐：选择 A4:A10 区域，在【开始】选项卡的【单元格】区中，选择【格式】→【设置单元格格式】命令，弹出【设置单元格格式】对话框，单击【对齐】选项卡，在【水平对齐】下拉列表中选择【分散对齐（缩进）】；在【垂直对齐】下拉列表中选择【居中】；选择【自动换行】，然后单击【确定】按钮。选择 B3:F10 区域，同样在【设置单元格格式】对话框中选择【对齐】选项卡，在【水平对齐】下拉列表中选择【居中】；在【垂直对齐】下拉列表中选择【居中】，然后单击【确定】按钮。

设置最合适的行高和列宽：选择 A3:F10 区域，在【开始】选项卡的【单元格】区中，选择【格式】→【自动调整行高】和【自动调整列宽】命令。

给表格加边框线，并加浅灰色底纹：选择 A3:A10 区域，在【开始】选项卡的【单元格】区中，选择【格式】→【设置单元格格式】命令，单击【边框】选项卡，使【外边框】出现最粗的实线，使【内部】出现细实线，选择【填充】选项卡，在背景色下的调色板中选择浅灰色，然后单击【确定】按钮。用同样的方法设定 A3:F3 区域的边框线。选择 B10：F10 区域，在【开始】选项卡的【单元格】区中，选择【格式】→【设置单元格格式】命令，然后单击【边框】选项卡，使【内部】出现空白，并使【上边线】为细实线，【下边线】为最粗的实线；单击【填充】选项卡，将【背景色】的颜色选为浅灰色，然后单击【确定】按钮。选择 B4:F9 区域，在【开始】选项卡的【单元格】区中，选择【格式】→【设置单元格格式】命令，然后单击【边框】选项卡，使【外边框】为粗实线，【内部线】为细实线。选择 D3:D9 区域，在【开始】选项卡的【单元格】区中，选择【格式】→【设置单元格格式】命令，单击【边框】选项卡，使【左框线】由细实线变成双线，然后单击【确定】按钮。

（4）删除多余的单元格——删除【材料编号】所在的单元格。选中 A12:A23 区域，单击【开始】选项卡【单元格】区中的【删除】→【删除单元格】→【右侧单元格左移】，单击【确定】按钮。选择 A12:E23 区域，存【数据】选项卡的【排序和筛选】区中，选择【排序】命令，主要关键字选择【材料名称】，排序方式选择【降序】，单击【确定】按钮。保持选择 A12:E23 区域，在【数据】选项卡的【分级显示】区中，选择【分类汇总】命令，分类字段选择【材料名称】，汇总方式选择【最大值】，在【选定汇总项】中选择【密度】、【比热】和【导热系数】，单击【确定】按钮。保持选择 A12:E23 区域，在【数据】选项卡的【分级显示】区中，选择【分类汇总】命令，分类字段选择【材料名称】，汇总方式选择【计数】，在【选定汇总项】中清除其他选项，只选择【导热系数】，并清除【替换当前分类汇总】选项，单击【确定】按钮。

设置分类汇总表格格式：单击窗口左边分级显示区域顶部的按钮【3】，使表格不显示明细数据。选择 A12:E33 区域，在【开始】选项卡的【单元格】区中，选择【格式】→【设置单元格格式】命令，在弹出的对话框中单击【边框】选项卡，使【外边框】出现最粗的实线，使【内部】出现细实线。单击【确定】按钮。保持选择 A12:E33 区域，在【开始】选项卡的【对齐方式】区中，单击【居中】按钮；选择 A16:B33 区域，在【开始】选项卡的【单元格】区中，选择【格式】→【设置单元格格式】命令，在弹出的对话框中单击【对齐】选项卡，在【水平对齐】下拉列表中选择【跨列居中】，单击【确定】按钮。选中 A～F 列，单击【开始】→【单元格】→【格式】→【自动调整列宽】。

（5）创建新图表：同时选择 A3、C3、E3 和 A5:A7、C5:C7、E5:E7 区域，在【插入】选项卡的【图表】区中，单击【柱形图】中的【簇状圆锥图】；然后选择图表使之变为活动窗口，在【布局】选项卡的【标签】区中，单击【坐标轴标题】→【主要纵坐标轴标题】→【竖排标题】，输入"万元"；在【设计】选项卡的【数据】区中，单击【切换行/列】。将刚建立的图表拖放到 A35:F48 区域，并进行适当的缩放。

设置图表区格式：双击数值轴，在弹出的【设置坐标轴格式】对话框中选择【坐标轴选项】

选项卡，在【最大值】框中输入"40"，在【主要刻度单位】框中输入"10"，单击【关闭】按钮。双击绘图区的背景墙，弹出【设置背景墙格式】对话框，在【边框颜色】中选择黑色实线，在【边框样式】中宽度输入"2 磅"，单击【关闭】按钮。

（6）单击【文件】选项卡中的【打印】命令，然后单击"页面设置"超链接，在【页面】选项卡的【方向】下选择【横向】，在【纸张大小】下拉列表框中选择【A4】；单击【页边距】选项卡，在【页眉】和【页脚】下拉列表中均选择【0】；单击【工作表】选项卡，在【打印】区清除【网格线】选项，单击【确定】按钮。操作完成后将文件另存为"test3.Xlsx"。

4．按以下要求操作之一

（1）在 Excel 2010 中建立工作簿，其中"Sheet1"工作表的内容如图 5.41（a）所示，"Sheet2"工作表的内容如图 5.41（b）所示。

	A	B	C	D	E	F	G
1							
2	第一集团销售利润表						
3		2008	2009	2010	2011	2012	平均销售额
4	产品一	546652.8	854656.5	522332.4	623133.1	554561.7	
5	产品二	646556.3	645655.8	565256.8	658522.6	654665.3	
6	产品三	464566.5	465565.2	852266.5	526623.4	169866.5	
7	产品四	546656.3	646656.7	655262.2	655656.1	956366.8	
8	产品五	665596.7	685555.3	646868.9			
9	销售合计						
10							

（a）"Sheet1"工作表

	A	B	C	D	E	F	G
1	学号	姓名	性别	出生年月	籍贯	计算机成绩	中共党员
2	95314019	陈兵	男	1985-7-12	江苏	89	FALSE
3	95314020	陈超	男	1982-8-30	江苏	81	FALSE
4	95314021	陈春生	男	1983-6-14	上海	76	FALSE
5	95314051	宋志洁	男	1983-4-20	江西	81	FALSE
6	95314052	苏兆球	男	1985-7-21	江西	80	TRUE
7	95314053	吴挺	男	1984-1-14	江西	54	FALSE
8	95314056	吴睿智	男	1985-7-25	浙江	80	FALSE
9	95314064	张照坤	男	1984-9-19	浙江	89	TRUE
10	95314046	李玉洁	女	1985-7-10	上海	76	FALSE
11	95314047	李昭	女	1984-12-16	上海	77	FALSE
12	95314048	陆文	女	1985-7-22	北京	80	FALSE
13	95314049	麦晓君	女	1982-3-18	北京	84	TRUE
14	95314050	麦璐	女	1985-5-19	北京	83	FALSE
15	95314054	吴文谦	女	1985-7-23	河南	84	FALSE
16	95314055	吴玉	女	1984-10-28	河南	90	FALSE
17							

（b）"Sheet2"工作表

图 5.41　实验内容 4 素材

（2）按如图 5.42 所示的样张对"Sheet1"中的工作表标题进行格式化（占两行，上、下、左、右均居中，14 号字，粗体，灰色底纹）。

（3）在"Sheet1"工作表中计算平均销售额和销售合计。按样张对表格进行格式化操作（其中平均销售额取两位小数，销售合计取整，边框设置如样例所示）。

（4）对表中数据设定条件格式（5 种产品每年销售额在 200 000 元以下的数据为红色字体）。

（5）按样张所示在 A11:G19 创建图表，并进行编辑。

（6）将"Sheet2"中的上海籍非党员且计算机考试成绩在 75 分以上的学生名单筛选出来。

（7）将"Sheet2"中的计算机考试成绩先按性别、再按成绩由高低进行排序。

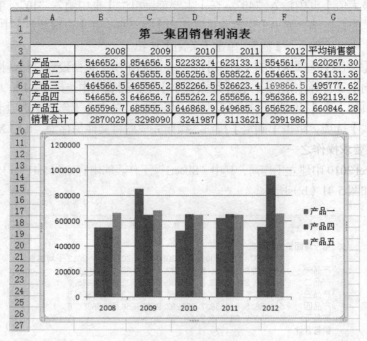

	2008	2009	2010	2011	2012	平均销售额
第一集团销售利润表						
产品一	546652.8	854656.5	522332.4	623133.1	554561.7	620267.30
产品二	646556.3	645655.8	565256.8	658522.6	654665.3	634131.36
产品三	464566.5	465565.2	852266.5	526623.4	169866.5	495777.62
产品四	546656.3	646656.7	655262.2	655656.1	956366.8	692119.62
产品五	665596.7	685555.3	646868.9	649685.3	656525.2	660846.28
销售合计	2870029	3298090	3241987	3113621	2991986	

图 5.42　实验内容 4 样例

操作完毕后，将结果以"test4.xlsx"为文件名存盘。

操作步骤如下。

（1）按样张对"Sheet1"中的工作表标题进行格式化：选择"Sheet1"工作表中的 A1:G2 区域并单击鼠标右键，在弹出的快捷菜单中选择【设置单元格格式】命令，弹出【设置单元格格式】对话框，单击【对齐】选项卡，在【水平对齐】下拉列表中选择【居中】；在【垂直对齐】下拉列表中选择【居中】；选中【合并单元格】复选框；单击【字体】选项卡，选择字号为 14，字形为加粗；单击【填充】选项卡，在背景色下的调色板中选择浅灰色，单击【确定】按钮。

（2）计算平均销售额：选择 G4 单元格，在【开始】选项卡的【编辑】区中，单击【自动求和】按钮右侧的下拉箭头，在打开的列表中选择【平均值】，参数区域为 B4:F4，按回车键确认。选择 G4 单元格，将鼠标指针移到该单元格右下角的自动填充柄上，当鼠标指针变为实心"+"形状时，按住鼠标左键向下拖动到 G8 单元格。选择 G4:G8 区域，在【开始】选项卡的【数字】区中，单击两次"增加小数位数"图标（保留 2 位小数）。

计算销售合计：选择 B4:B9 区域，在【开始】选项卡的【编辑】区中，单击【自动求和】按钮；用拖动自动填充柄的方式将公式复制到 F9 单元格。保持选择 B9:F9 区域，在【开始】选项卡的【数字】区中，单击【减少小数位数】图标（不保留小数部分）。

按样张对表格进行格式化操作：选择 A1:G9 区域，在【开始】选项卡的【字体】区中，单击田▾图标右侧的下拉箭头，在打开的列表中选择【所有框线】。

（3）选择 B4:F8 区域，在【开始】选项卡的【样式】区中，选择【条件格式】→【突出显示单元格规则】→【小于】命令，在弹出的【小于】对话框中，设置如图 5.43 所示的条件；单击【自定义格式】右侧的下拉按钮，在弹出的【设置单元格格式】对话框中选择【字体】选项卡，在【颜色】下拉列表中选择红色，单击【确定】按钮返回【小于】对话框。再次单击【确定】按钮，完成条件格式的设置操作。

图 5.43 【小于】对话框

（4）同时选择 A3:F4 和 A7:F8 区域，在【插入】选项卡的【图表】区中，单击【柱形图】，选择【二维簇状柱形图】，完成图表的操作。

（5）选择"Sheet2"作为当前工作表，选择数据清单中的任意一个单元格，在【数据】选项卡的【排序和筛选】区中，单击【筛选】命令，则在第 1 行的数据清单标题行上每个列标题的右侧均出现一个下拉箭头。单击"中共党员"列标题右侧的下拉箭头，在列表中选择【FALSE】，单击【确定】按钮。单击"计算机成绩"列标题右侧的下拉箭头，在列表中选择【数字筛选】，再选择【大于或等于】，弹出【自定义自动筛选方式】对话框．在右侧的下拉列表中输入"75"，单击【确定】按钮，观察筛选结果。

（6）选择"Sheet2"作为当前工作表，选择数据清单中的任意一个单元格，在【数据】选项卡的【排序和筛选】区中，选择【排序】命令，主要关键字选择【性别】，排序方式选择默认的【升序】方式；单击【添加条件】按钮，次要关键字选择【计算机成绩】，排序方式选择【降序】方式，单击【确定】按钮，观察排序结果。操作完成后将文件另存为"test4. xlsx"。

5．按以下要求操作之二

（1）插入一个工作表"考试 2"，将"考试 1"工作表中的内容复制到"考试 2"工作表中。

（2）在"考试 1"工作表中，将第 3 行与第 8 行交换，按课程分类汇总统计出两门课程期中和期末考试的平均分。

（3）给"考试 2"表单右边加一列，为"期中期末总平均"，把每个学生期中期末的总平均成绩用公式填入。全部数据表格加黄色底纹，每个单元格加红色边框。

（4）在"考试 2"中进行高级筛选，将期中考试成绩<60 分且期末考试成绩≥60 分的学生记录筛选出来，筛选后存放到同一个工作表 H10 开始处。

操作完毕后，将结果以"test5.xlsx"为文件名存盘。

操作步骤如下。

（1）打开实验内容 5 素材文件，单击工作表标签"考试 1"，按下"Ctrl"键，将表标签"考试 1"拖放后生成"考试 1（2）"工作表，双击"考试 1（2）"表标签，将它改为"考试 2"。

（2）单击表标签"考试 1"选择"考试 1"工作表，选择第 3 行，在【开始】选项卡的【单元格】区中，单击【插入】→【插入工作表行】，则在第 3 行处插入一个空行。选择第 9 行，在【开始】选项卡的【剪贴板】区中，单击【剪切】命令，然后选择第 3 行，单击【粘贴】命令；再选择第 4 行，单击鼠标右键后弹出快捷菜单，在其中选择【剪切】命令，然后选择第 9 行，单击【粘贴】命令；最后选择第 4 行，单击鼠标右键后在快捷菜单中选择【删除】命令，从而实现了第 3 行与第 8 行的交换。

（3）选择"课程编号"单元格，在【数据】选项卡的【排序和筛选】区中，单击【升序】按钮，先实现对课程编号的排序；在【数据】选项卡的【分级显示】区中，单击【分类汇总】命令，在弹出的对话框中，【分类字段】选择【课程编号】，【汇总方式】选择【平均值】，【选定汇总项】选择【期中成绩】和【期末成绩】复选框，如图 5.44 所示。单击【确定】按钮，观察分类汇总结果。

图 5.44 【分类汇总】对话框

（4）单击表标签"考试 2"选择"考试 2"工作表，在 G1 单元格内输入"期中期末总平均"，在 G2 单元格内输入公式"=AVERAGE(E2:F2)"，拖动 G2 单元格的拖曳柄，将公式复制到 G3:G16 区域（保留 1 位小数）。观察填充结果。选择 A1:G16 区域，在【开始】选项卡的【字体】区中，选择【填充颜色】下拉列表中的黄色，选择【边框】下拉列表中的【线型颜色】为红色，再选择【所有边框】。

（5）高级筛选：在 I1:J2 区域建立筛选条件，在【数据】选项卡的【排序和筛选】区中，选择【高级】命令，列表区域设为 A1:G16，条件区域设为 I1:J2，选择【将筛选结果复制到其他位置】，【复制到】设为 H10，单击【确定】按钮，观察如图 5.45 所示的高级筛选结果。操作完成后将文件另存为"test5.xlsx"。

	A	B	C	D	E	F	G	H	I	J	K	L	M
1													
2	课程名称	课程编号	姓名	性别	期中成绩	期末成绩			期中成绩	期末成绩			
3	计算机应用基础	1905001	毛伟斌	男	67	87			<60	>=60			
4	计算机应用基础	1905001	区家明	男	95	83							
5	计算机应用基础	1905001	车颖	男	93	94							
6	C语言	1905002	刘文	女	50	56							
7	C语言	1905002	刘瑜	女	50	66							
8	C语言	1905002	吕浚之	男	92	78							
9	高等数学	1905014	张耀	男	85	96							
10	高等数学	1905015	曲晓东	女	53	66		课程名称	课程编号	姓名	性别	期中成绩	期末成绩
11	数据结构	1905023	王佐兄	女	45	55		C语言	1905002	刘瑜	女	50	66
12	数据结构	1905023	王丹	女	82	83		高等数学	1905015	曲晓东	女	53	66
13	数据结构	1905023	王海涛	男	83	89		数据库原理	1905024	石俊玲	女	50	88
14	数据结构	1905023	冯文辉	男	64	75							
15	数据库原理	1905024	石俊玲	女	50	88							
16	数据库原理	1905024	刘海云	女	98	96							
17	数据库原理	1905024	刘杰	男	74	89							
18													

图 5.45 高级筛选结果

6．对实验内容 6 的素材操作

（1）对"Sheet1"格式化标题：华文行楷、20 号字、双下画线、最合适的行高、合并单元格、居中对齐，并加黄色底纹。

（2）利用公式计算每位职工的应发工资和税金（应发工资≤3 500 元时，税金为应发工资×3%；应发工资>3 500 元时，税金为应发工资×5%）及实发工资，实发工资要求使用 INT 函数取整，按样张的单元格中的内容居中对齐，加边框线。

（3）按样张在 A15:H30 区域作图，标题为华文新魏、16 磅，其余文字为宋体、10 磅。其余格式如图 5.46 的样例所示。

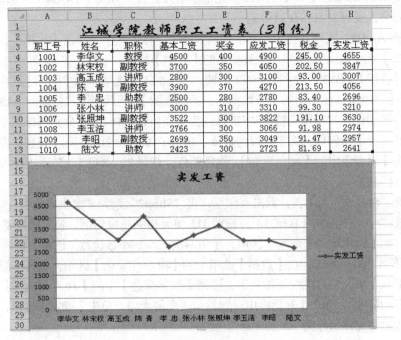

图 5.46　实验内容 6 样例 1

（4）将"Sheet2"改名为"学生成绩表"，计算每位学生期中、期末的平均分，保留两位小数，并筛选出期末成绩最好的前 5 名按期末成绩降序排列，如图 5.47 的样例所示。操作完毕后，将结果以"test6.xlsx"为文件名存盘。

	A	B	C	D	E	F
1	学生成绩表					
2	姓名 ▼	期中成绩▼	期末成绩▼	期中期末总平均▼		
3	车颖	93	94	93.50		
4	毛伟斌	67	87	77.00		
7	王海涛	83	89	86.00		
10	石俊玲	50	88	69.00		
11	刘海云	98	96	97.00		
12						
13						
14						

图 5.47　实验内容 6 样例 2

操作步骤如下。

（1）打开实验内容 6 素材文件，单击工作表标签"Sheet1"，在 A2 处插入一行。选择 A1:H2 区域，在【开始】选项卡的【对齐方式】区中，单击【合并后居中】按钮，然后用鼠标右键单击 A1 单元格，在快捷菜单中选择【设置单元格格式】命令，在弹出的对话框中，单击【字体】选项卡，将字体设置为华文行楷，字号设置为 20，下画线设置为双下画线；单击【填充】选项卡，将背景色设置为黄色，单击【确定】按钮。单击 A1 单元格，在【开始】选项卡的【单元格】区中，单击【格式】→【自动调整行高】。

（2）在 F4 单元格中输入公式"=D4+E4"，拖动 F4 单元格的拖曳柄，将公式复制到 F5:F13

区域；在 G4 单元格中输入公式"=IF（F4<=3500，F4*3%，F4*5%）"，拖动 G4 单元格的拖曳柄，将公式复制到 G5:G13 区域；在 H4 单元格中输入公式"=INT（F4-G4）"，拖动 H4 单元格的拖曳柄，将公式复制到 H5:H13 区域。

（3）选择 A3:H13 区域，在【开始】选项卡的【字体】区中，单击【边框】按钮右侧的下拉箭头，选择【所有框线】；再单击工具栏上的【居中】按钮。

（4）同时选择 B3:B13 区域和 H3:H13 区域，在【插入】选项卡的【图表】区中，单击【折线图】，选择【二维折线图】中的【带数据标记的折线图】，然后将图表拖放到 A15:H30 区域。

（5）选择图表标题"实发工资"，将字体设为华文新魏、16 磅；分别选择水平分类轴、垂直轴和【实发工资】图例项，将字体设为宋体、10 磅；双击绘图区，在【设置绘图区格式】对话框中，单击【填充】中的【纯色填充】，选择茶色，背景 2，深色为 25%，然后单击【关闭】按钮，观察作图效果。

（6）选择"Sheet2"工作表，双击表标签，将"Sheet2"改为"学生成绩表"；在 D3 单元格中输入公式"=AVERAGE（B3:C3）"，拖动 D3 单元格的拖曳句柄，将公式复制到 D4:D11 区域；在【开始】选项卡的【数字】区中，单击两次"增加小数位数"图标，保留 2 位小数。

（7）选择 A2:D11 区域，在【数据】选项卡的【排序和筛选】区中，选择【筛选】命令，然后单击【期末】单元格右侧的下拉列表，选择【数字筛选】中的【10 个最大的值】子命令，在弹出的【自动筛选前 10 个】对话框中设置显示 5 个最大项，单击【确定】按钮，观察筛选效果。操作完成后将文件另存为"test6.xlsx"。

实验一 PowerPoint 基本操作

一、实验目的

（1）掌握文档的建立、幻灯片文本的录入、保存和关闭操作方法。

（2）掌握文档的打开、文字的格式化和段落的格式化操作方法。

（3）掌握符号和编号的使用方法。

（4）掌握幻灯片的插入、删除、复制和移动的操作方法。

二、实验内容及步骤

1．文档的建立、文本的录入和保存

（1）打开 PowerPoint 程序，使用"空白演示文稿"创建演示文稿，选择"标题和文本"幻灯片版式，输入如下文字：

> **网络文化素养**
> 随着信息技术的发展，现代人的确需要一种新的文明素养即网络文化素养，才能适应信息社会的需要。

（2）将其以"test.pptx"为名保存在 D 盘的"test"文件夹中，关闭 PowerPoint 程序窗口。

（3）打开 PowerPoint 程序，使用样本模板创建演示文稿，创建一个"培训"演示文稿。

（4）将其以"test1.pptx"为名保存在 D 盘的"test"文件夹中，关闭 PowerPoint 程序窗口。

操作步骤如下。

（1）选择【开始】菜单→【所有程序】→【Microsoft Office】→【Microsoft Office PowerPoint 2010】命令，运行 PowerPoint 2010 应用程序，系统自动创建一个标题幻灯片。单击【文件】按钮，选择【新建】命令，在显示的【可用的模板和主题】栏中选择【空白演示文稿】选项。然后，在右边的【空白演示文稿】栏中单击【创建】按钮，则将新建空白的演示文稿。单击【开始】选项卡【幻灯片】栏中的【版式】按钮，在弹出的列表框中选择【标题和内容】幻灯片版式，然后在幻灯片中直接输入素材所给的内容。

（2）单击【文件】按钮，选择【保存】命令。或者单击快速访问工具栏上的【保存】按钮，弹出【另存为】对话框。在【浏览文件夹】框中，选择文件保存的路径"D:\test"；在【文件名】文本框中，输入文件名"test"；从【保存类型】下拉列表框中选择文件格式"pptx"，最后单击【保存】按钮。单击程序窗口标题栏右边的【关闭】按钮，或者单击【文件】→【退出】命令，退出 PowerPoint 程序。

（3）单击【文件】按钮，在弹出的下拉菜单中选择【新建】选项，在【可用的模板和主题】栏中选择【样本模板】选项。单击中间的【可用的模板和主题】栏中的【样本模板】，使用垂直滚动条浏览样本模板，选择其中一个选项（如【培训】选项），然后单击右边【培训】栏中的【创建】按钮，即可在【幻灯片编辑窗格】中看到新创建的"培训"演示文稿。

（4）选择【文件】→【另存为】命令，在弹出的【另存为】对话框中的【浏览文件夹】框中，选择文件保存的路径"D:\test"；在【文件名】文本框中，输入文件名"test1"；从【保存类型】下拉列表框中选择文件格式"pptx"，最后单击【保存】按钮。单击程序窗口标题栏右边的【关闭】按钮，或者选择【文件】→【退出】命令，退出 PowerPoint 程序。

2．文档的打开与格式化

（1）打开"test.pptx"文档，将标题文字设置为新宋体、加粗、40 号、加阴影、蓝色，以中部对齐方式对齐。

（2）设置正文内容的行距为 1 行、段前 0.5 行、段后 0.5 行，段落对齐方式为居中对齐。将该文档另存为"test2.pptx"。

操作步骤如下。

（1）运行 PowerPoint 2010 应用程序，选择【文件】→【打开】命令，在【打开】对话框中选择目录"D:test"，选择文件"test.pptx"，单击【打开】按钮。在打开的文档中，选中标题文本"网络文化素养"，单击【开始】选项卡【字体】栏中的【字体】按钮，在弹出的【字体】列表框中选择字体为新宋体；单击【字号】按钮，在弹出的列表框中选择字号为 40；单击【加粗】和【文字阴影】；单击【字体颜色】按钮，在弹出的列表框中选择颜色为蓝色。单击【段落】栏中的【对齐文本】按钮，在弹出的列表框中选择【中部对齐】选项，完成字体对齐设置。

（2）单击【开始】选项卡，在【段落】栏中单击【行距】图标按钮，在弹出的列表框中选择【1.0】选项；或者在列表框中选择【行距选项】命令，打开【段落】对话框。也可以通过单击【开始】选项卡的【段落】栏中右下角的箭头按钮，打开【段落】对话框。在【缩进和间距】选项卡【间距】栏的【行距】下拉列表框中，选择【单倍行距】。在【段落】对话框中【段前】和【段后】变数框中输入"0.5 行"。在【对齐方式】下拉框中选择【居中】，单击【确定】按钮。打开【文件】→【另存为】对话框，在其中选择保存路径"D:\test"，输入文件名"test2"，单击【保存】按钮，完成文档的保存。

3．文档的符号和编号设置

（1）打开"test2.pptx"文档，在正文中增加如下内容。将后面的 3 点要求降级为二级文本。去掉一级文本中的第 1 段文本前面的项目符号，更改二级文本前面的项目符号为项目编号。

> 上网时间安排要科学：
> 首先，要控制网上操作时间，每天操作累计不应超过 4 小时，且在连续操作 1 小时后应休息 10 分钟；
> 其次，上网之前先明确上网的任务和目标，把具体要完成的工作列出写在纸上；
> 最后，上网之前根据工作量先限定上网时间，准时下网或关机。

（2）设置一级文本项目符号为菱形符号、红色、80%。设置二级项目编号为"①，②，③，…"的形式．大小为 90%，颜色为蓝色。将该文档另存为"test3.pptx"。

操作步骤如下。

（1）打开"test2.pptx"文档，在"现代文明人……信息社会的需要。"后输入题目中给定的内容，将光标置于要求降级的段落按"Tab"键；或者单击【开始】选项卡【段落】栏中的【提高列表框级别】图标按钮，将该段落降级为二级文本。将光标置于第 1 段落，单击【开始】选项卡【段落】栏中的【项目符号】图标按钮，可去掉项目符号。用鼠标选中所有二级文本，单击【段落】栏中的【编号】图标按钮，更改项目符号为编号。

（2）用鼠标选中前两个一级段落文本，单击【开始】选项卡【段落】栏中的【项目符号】图标按钮旁边的黑三角按钮，在弹出的列表框中，选择【项目符号和编号】命令，在弹出的【项目符号和编号】对话框的【项目符号】选项卡中，选择菱形项目符号，单击【大小】变数框，更改大小为"80%"，单击【颜色】按钮，在列表框中选择颜色为红色。选择后3段文本，打开【项目符号和编号】对话框，单击【编号】选项卡，选择【①，②，③，…】形式的编号选项，更改大小为"90%"，颜色为蓝色。最后，将文档另存为"test3.pptx"。

前3个文件完成后的最终文档样张如图6.1所示。

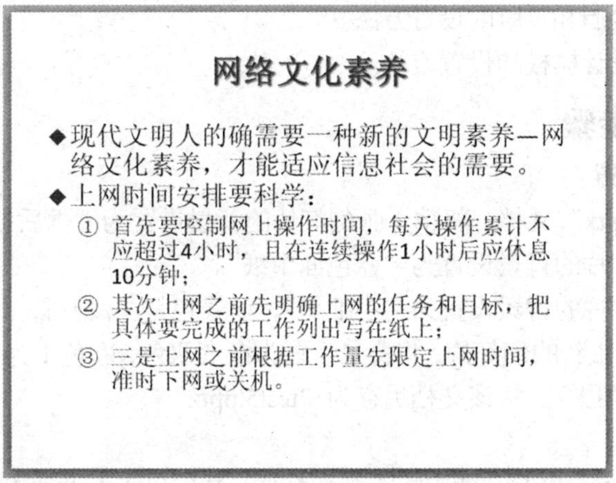

图6.1 "test 1.pptx" ～ "test 3.pptx" 文档的最终效果

4．幻灯片的插入、删除、复制和移动

（1）打开"test3.pptx"文档，在第1张幻灯片的后面插入1张新幻灯片，选择版式为【标题幻灯片】。再将第1张幻灯片复制2张放在最后面，删除第4张幻灯片。

（2）将第1张幻灯片的标题内容剪切到第2张的标题中，第3张中只留下"上网时间安排要科学："和3点要求，其余内容删除，最后把第2张幻灯片移动到最前面。将该文档另存为"test4.pptx"。

操作步骤如下。

（1）打开"test3.pptx"文档，单击【任务栏】右边的【幻灯片浏览】视图按钮，在【幻灯片浏览】视图中，单击第1张幻灯片，接着单击【开始】选项卡【幻灯片】栏中的【新建幻灯片】按钮。在展开的列表框中，单击【标题幻灯片】版式，则插入一张新的幻灯片；单击第1张幻灯片，单击【开始】选项卡【剪贴板】栏中的【复制】按钮，在最后一张幻灯片后面的空白处单击鼠标，出现一条闪烁的竖线；或者直接单击最后一张幻灯片，然后单击【开始】选项卡【剪贴板】栏中的【粘贴】按钮两次（保留源格式）。选择第4张幻灯片，单击鼠标右键，在弹出的快捷菜单中选择【删除幻灯片】命令，或者直接按"Delete"键，删除所选幻灯片。

（2）单击【任务栏】右边的【普通视图】按钮，在普通视图中，单击窗口左侧窗格中的【幻灯片】选项卡，单击第1张幻灯片，选中标题占位符中的文本，然后单击鼠标右键，在弹出的快捷菜单中选择【剪切】命令。单击左边窗格【幻灯片】选项卡中的第2张幻灯片，将光标置于其标题占位符中，单击鼠标右键，在弹出的快捷菜单中选择【粘贴】选项→【保留源格式】命令。单击左边窗格【幻灯片】选项卡中的第3张幻灯片，选中要删除的文本，按"Delete"键。

在窗口左侧窗格的【幻灯片】选项卡中，单击其中的第 2 张幻灯片，用鼠标拖动该幻灯片向上移动，在第 1 张幻灯片的上面将出现闪烁横线，松开鼠标。最后将文档另存为 "test4.pptx"。

实验二　PowerPoint 幻灯片的美化

一、实验目的

（1）掌握幻灯片背景的设置方法。

（2）掌握幻灯片配色方案的设置方法。

（3）掌握幻灯片母版的设置方法。

（4）掌握幻灯片页眉和页脚的设置方法。

（5）掌握幻灯片设计模板的设置方法。

二、实验内容及步骤

1．幻灯片背景设置

（1）打开 "test4.pptx" 文档，将第 1 张幻灯片的背景设置为 "雨后初晴"。

（2）将第 2 张幻灯片的背景设置为 "蓝色面巾纸"。

（3）将第 3 张幻灯片的背景设置为 "小纸屑"，前景色是 "浅蓝"，背景色是 "白色"。

（4）在最后插入一张新的幻灯片，将背景设置为渐变双色，颜色 1 为 "白色"，颜色 2 为 "蓝色"，类型是 "标题的阴影"。将该文档另存为 "test5.pptx"。

操作步骤如下。

（1）打开 "test4.pptx" 文档，选中第 1 张幻灯片，然后单击【设计】选项卡，在右边的【背景】栏中单击【背景样式】命令，将展开一个列表框。单击【设置背景样式】命令，可以打开【设置背景样式】对话框。单击对话框中左边列表框中的【填充】选项卡，在对话框的右边选中单选按钮【渐变填充】。在【预设颜色】下拉列表框中选择【雨后初晴】，然后单击【设置背景样式】对话框标题栏右边的【关闭】按钮结束设置。

（2）选中第 2 张幻灯片，打开【设置背景样式】对话框。单击对话框中左边列表框中的【填充】选项卡，在对话框的右边选中单选按钮【图片或纹理填充】。在【纹理】下拉列表框中选择【蓝色面巾纸】，然后单击【设置背景样式】对话框标题栏右边的【关闭】按钮结束设置。

（3）选择第 3 张幻灯片，打开【设置背景样式】对话框。单击对话框中左边列表框中的【填充】选项卡，在对话框的右边选择【图案填充】单选按钮，在下方的选项组中单击【小纸屑】选项。单击【前景色】按钮，选择颜色【浅蓝】。单击【背景色】按钮，选择颜色【白色】。然后单击对话框标题栏上的【关闭】按钮结束设置。

（4）在普通视图中，单击窗口左侧窗格中的【幻灯片】选项卡，选择最后一张幻灯片，按回车键则插入一张新的幻灯片。选择新插入的幻灯片，打开【设置背景样式】对话框，单击对话框中左边列表框中的【填充】选项卡，在对话框的右边选择【渐变填充】单选按钮。在【类型】列表框中选择【标题的阴影】选项。选择【渐变光圈】上面的【停止点 1】滑块，单击【颜色】按钮，在列表框中选择颜色【浅蓝】。选择【渐变光圈】上面的【停止点 2】滑块，单击【颜色】按钮，选择颜色【白色】。将两个滑块拖动到满意的位置。单击对话框标题栏上的【关闭】按钮结束设置。最后，将文档另存为 "test5.pptx"。

2．幻灯片配色方案的使用

（1）打开 "test4.pptx" 文档，为该演示文稿设置主题颜色，选择颜色方案为 "凤舞九天"，应用于所有的幻灯片。

（2）打开"test5.pptx"文档，为该演示文稿应用新的主题颜色，要求在"Office"方案的基础上，修改文字/背景为"浅蓝"，超链接颜色为"紫色"，保存为"幻想"。将该文档另存为"test6.pptx"。

操作步骤如下。

（1）打开"test4.pptx"文档，单击【设计】选项卡，在右边的【主题】栏中单击【颜色】按钮，在展开的列表框中单击【凤舞九天】选项。

（2）打开"test5.pptx"文档，单击【设计】选项卡，在右边的【主题】栏中单击【颜色】按钮，在展开的列表框中选择【Office】选项。重新展开【颜色】列表框，单击列表框下方的【新建主题颜色】命令，在弹出的【新建主题颜色】对话框中，单击【文字/背景→深色 1】按钮，在列表框中选择颜色【浅蓝】；单击【超链接】按钮，在列表框中选择颜色【紫色】；在【名称】文本框中输入"幻想"，单击【保存】按钮。最后，将文档另存为"test6.pptx"。

3．设置幻灯片母版

（1）打开"test6.pptx"文档，为该演示文稿设置标题母版，标题文字为黑体、48 磅、加粗、深蓝色。副标题文字为宋体、36 磅、加粗、棕色，为副标题占位符加蓝色边框。背景设置为"羊皮纸"。

（2）为该演示文稿设置幻灯片母版，设置页脚字体为隶书、16 磅。背景色设置为纯色黄色。将该文档另存为"test7.pptx"。

操作步骤如下。

（1）打开"test6.pptx"文档，单击【视图】选项卡，在【母版视图】栏中单击幻灯片母版按钮，在窗口左侧窗格的【幻灯片】选项卡中选择【标题幻灯片】。选择标题占位符中的文本内容，单击【开始】选项卡，在【字体】栏中单击【字体】下拉列表框右侧的下黑三角按钮，在展开的列表框中选择【黑体】，在字号列表框中选择【48】，单击字形【加粗】按钮，单击【字体颜色】按钮，在列表框中选择字体颜色为【深蓝】。选中副标题占位符中的内容，用上述同样的方法设置字体为宋体、字号为 36 号、字形加粗、字体颜色为棕色。选择副标题占位符，单击【开始】选项卡【绘图】栏中的【形状轮廓】按钮，在弹出的列表框中选择颜色为蓝色。选择【幻灯片母版】选项卡【背景】栏中的【背景样式】命令，在弹出的列表框中选择【设置背景样式】命令打开【设置背景样式】对话框。单击对话框中左边列表框中的【填充】选项卡，在对话框的右边选择单选按钮【图片或纹理填充】。单击【纹理】下拉列表框按钮，在展开的列表框中选择【羊皮纸】，单击【设置背景样式】对话框标题栏右边的【关闭】按钮结束背景设置。选择【幻灯片母版】选项卡【关闭】栏中的【关闭母版视图】命令，结束幻灯片母版的设置。

（2）单击【视图】选项卡，在【母版视图】栏中单击【幻灯片母版】按钮，选择相应的幻灯片，在幻灯片内容编辑窗格中，单击【页脚】占位符，将光标置入文本框中。单击【开始】选项卡【字体】栏中的【字体】按钮，在弹出的列表框中选择【隶书】。单击【字号】按钮，在字号列表框中选择【16】。选择【幻灯片母版】选项卡【背景】栏中的【背景样式】命令，在弹出的列表框中选择【设置背景样式】命令，打开【设置背景样式】对话框。单击对话框中左边列表框中的【填充】选项卡，在对话框的右边选择单选按钮【纯色填充】。单击【颜色】下拉列表框按钮，在展开的列表框中选择黄色。单击对话框标题栏右边的【关闭】按钮结束背景设置。将文档另存为"test7.pptx"（因为设置了背景，所以看不到母版设置的背景效果）。

4．设置幻灯片的页眉和页脚

打开"test7.pptx"文档，为该文档添加页眉和页脚：固定日期 2010-1-1，设置幻灯片编号，添加页脚为"第 5 章 PowerPoint 2010"，并要求在标题幻灯片中不显示页眉和页脚。将该文档另存为"test 8.pptx"。

操作步骤如下。

打开"test7.pptx"文档，单击【开始】选项卡，在【插入】栏中单击【页眉和页脚】按钮，打开【页眉和页脚】对话框。单击【幻灯片】选项卡，选择【日期和时间】选项及其中的【固定】选项，在该选项下面的文本框中输入"2010-1-1"。选择【幻灯片编号】选项，选择【页脚】选项，在该选项下面的文本框中输入"第 5 章 PowerPoint 2010"。选择【标题幻灯片中不显示】选项，单击【全部应用】按钮完成设置。将文档另存为"test 8.pptx"。

5．幻灯片设计模板的设置

（1）打开"test 8.pptx"文档，将该演示文稿以"演示文稿设计模板"的形式保存，文件名为"演示文稿模板 1"。

（2）使用"演示文稿模板 1"模板创建演示文稿，将新建文档另存为"test 9.pptx"。

操作步骤如下。

（1）打开"test8.pptx"文档，选择【文件】选项卡中的【另存为】命令，在【另存为】对话框中的【文件名】文本框中输入文件名"演示文稿模板 1"，单击【保存类型】下拉框，选择其中的【PowerPoint 模板】选项，单击【保存】按钮。

（2）单击【文件】→【新建】→【我的模板】，在打开的【新建演示文稿】对话框的【个人模板】选项卡中选择【演示文稿模板 1】，然后单击【确定】按钮。将文档另存为 test 9.pptx。

实验三　PowerPoint 中插入图片和媒体

一、实验目的

（1）掌握图片的插入与设置方法。

（2）掌握声音与影片的插入与设置方法。

（3）掌握 Flash 动画的插入与设置方法。

（4）掌握艺术字的插入与设置方法。

（5）掌握表格的插入与设置方法。

（6）掌握 SmartArt 图形的插入与设置方法。

（7）掌握图表的设置方法。

二、实验内容及步骤

1．图片的插入与设置

（1）打开"test9.pptx"文档，在最后面插入一张新幻灯片，选择版式为"空白"。插入剪贴画"埃菲尔铁塔"，设置图片高度为 6 厘米，填充颜色为浅绿，线条颜色为深蓝，置于幻灯片左上角（手工拖动）。

（2）在上面的幻灯片中插入来自文件的图片（任意选取），大小调整到与上面的图片接近（用鼠标调整），置于幻灯片右上角。将该文档另存为"test10.pptx"。

操作步骤如下。

（1）打开"test 9.pptx"文档，在普通视图左边窗格【幻灯片】选项卡中，单击选择最后一张幻灯片，按回车键插入新幻灯片。选择新插入的幻灯片，单击【开始】选项卡【幻灯片】栏中的【版式】按钮，在下拉列表框中单击【空白】版式。单击【插入】选项卡【图像】栏中的【剪贴画】按钮，在视图右边出现的【剪贴画】窗格中，单击【结果类型】下拉框按钮，在下拉框中取消【所有媒体类型】的选择，只选中【插图】选项。单击【搜索】按钮，在出现的剪贴画中，单击【埃菲尔铁塔】。选中幻灯片中插入的剪贴画，单击鼠标右键，选择【设置图片格式】命令，或者单击【格式】选项卡【图片样式】栏或者【大小】栏右下角的【设置形状格式】按钮（　图标），将打开【设置图片格式】对话框。单击对话框左边的【大小】选项卡，在右边选择【高度】变数框，修改其中的数字为 6 厘米。单击对话框左边的【填充】选项卡，在右边选择【纯色填充】单选按钮，单击出现的【颜色】按钮，在弹出的列表框中选择浅绿色。单击对话框左边的【线条颜色】选项卡，在右边选择【实线】单选按钮，单击出现的【颜色】按钮，在弹出的列表框中选择深蓝色。单击【关闭】按钮完成设置。将鼠标指针指向图片，使鼠标指针成为四方箭头形状，拖动鼠标，将图片拖动到幻灯片的左上角。

（2）单击【插入】选项卡【图像】栏中的【图片】按钮，在打开的【插入图片】对话框中选择图片所在的具体位置，在中间的列表框中选择要插入的图片文件，然后单击【插入】按钮即可。将鼠标指针指向图片 4 个角的大小调整点上，拖动鼠标调整图片的大小，然后将图片拖动到幻灯片的右上角。最后，将文档另存为"test10.pptx"。

2．声音与影片的插入与设置

（1）打开"test10.pptx"文档，在最后一张幻灯片中插入声音剪辑库中的声音"电话"，要求自动播放声音，图片高度为 4 厘米，置于幻灯片左下角。

（2）在上面的幻灯片中插入文件中的影片（文件自己准备），要求用鼠标单击时播放，置于幻灯片右下角。将该文档另存为"test11.pptx"。

操作步骤如下。

（1）打开"test10.pptx"文档，单击【插入】选项卡【媒体】栏中的【音频】按钮，在弹出的列表框中选择【剪贴画音频】命令。在打开的【剪贴画】任务窗格中，单击【搜索】按钮，将在下面显示所有的剪贴画音频图标。单击【Telephone】选项，在幻灯片中将插入声音的图标。选择声音图标，单击【播放】选项卡【音频选项】栏中的【开始】下拉框按钮，在弹出的列表框中选择【自动】选项。单击【格式】选项卡，打开【设置图片格式】对话框，单击【大小】选项卡，在【高度】变数框中，将其中的数字改为 4 厘米。拖动图片到幻灯片的左下角。

（2）单击【插入】选项卡【媒体】栏中的【视频】按钮，在弹出的下拉列表框中选择【文件中的视频】命令，打开【插入视频文件】对话框，在其中选择需要插入的文件，单击【插入】按钮，在幻灯片中将插入影片的图标。选中影片的图标，单击【播放】选项卡【音频选项】栏中的【开始】下拉按钮，在弹出的列表框中选择【单击时】选项。拖动影片图片到幻灯片的右下角。将文档另存为"test11.pptx"。

3．Flash 动画的插入与设置

请从网上下载 Flash 动画文件，保存在"D:\test"目录下。打开"test11.pptx"文档，在最后面插入一张新幻灯片，版式为"空白"，在其中插入下载的 Flash 动画。将该文档另存为"test12.pptx"。

操作步骤如下。

（1）从网络上下载动画文件，保存在"D:\test"目录下。打开"test11.pptx"文档，在普通视图左边窗格的【幻灯片】选项卡中，单击选择最后一张幻灯片，按回车键插入新幻灯片。选

择新插入的幻灯片，单击【开始】选项卡【幻灯片】栏中的【版式】按钮，在下拉列表框中单击【空白】版式。

（2）在插入 Flash 之前，请检查 PowerPoint 2010 中是否有【开发工具】选项卡，若没有，则单击【文件】按钮，在列表中单击【选项】命令，在弹出的【PowerPoint 选项】对话框中选择【自定义功能区】选项卡。展开对话框右面【自定义功能区】下面的列表，选择【主选项卡】选项，然后勾选下面列表中的【开发工具】选项，单击【确认】按钮返回。

（3）单击【开发工具】选项卡【控件】栏中的【其他控件】按钮，在弹出的【其他控件】对话框的列表中，选择【Shockwave Flash Object】选项，单击【确定】按钮返回。此时，鼠标指针变成"+"字形状，在需要的位置拖出想要的大小区域，该区域是 Flash 动画播放的地方。

（4）用鼠标指针指向所拖出的区域，单击鼠标右键打开快捷菜单，从中选择【属性】命令，弹出【属性】对话框，在该对话框中的【名称】字段中找到【movie】项，单击其右边的方格，在其中输入完整的 Flash 文件路径和文件名。注意，Flash 动画文件名称后面必须填写扩展名 SWF，文件名要包括后缀名。关闭该对话框返回。将文档另存为"test12.pptx"。

4．艺术字的插入与设置

打开"test12.pptx"文档，在最后面插入一张新幻灯片，版式为"标题和内容"，在幻灯片中插入艺术字"数学与语文成绩表"，要求选择样式中的第 1 个，设置文字大小为 44，文本填充为蓝色，文本轮廓为红色，文本效果为"发光"中的"橙色"。将该文档另存为"test13.pptx"。

操作步骤如下。

打开"test12.pptx"文档，在普通视图左边窗格的【幻灯片】选项卡中，单击选择最后一张幻灯片，按回车键插入新幻灯片。选择新插入的幻灯片，单击【开始】选项卡【幻灯片】栏中的【版式】按钮，在下拉列表框中单击【标题和内容】版式。单击【插入】选项卡【文本】栏中的【艺术字】按钮，在弹出的艺术字样式列表中单击第 1 个艺术字样式，在幻灯片中出现文本框中输入的文字"数学与语文成绩表"。单击【格式】选项卡【艺术字样式】栏中的【文本填充】按钮，在下拉列表框中选择蓝色。单击【文本轮廓】按钮，在下拉列表框中选择红色。单击【文本效果】按钮，在下拉菜单中选择【发光】→【橙色】命令。单击【开始】选项卡【字体】栏中的【字号】按钮，在下拉列表框中选择【44】。将艺术字拖动到原来标题占位符的位置。将文档另存为"test13.pptx"。

5．表格的插入与设置

打开"test13.pptx"文档，在最后面一张幻灯片中插入如下表格。要求文字为宋体、32 磅、红色，表格四周边框线为黄色、2.25 磅，中间线为绿色、1.5 磅，文字垂直居中对齐。将该文档另存为"test14.pptx"。

姓名	计算机应用基础	Flash 动画
张萍	80	85
王莹	90	75
于成	75	96
刘小丽	85	65

操作步骤如下。

打开"test13.pptx"文档，选择最后一张幻灯片，单击内容占位符中的【插入表格】图标按钮，在弹出的【插入表格】对话框中输入"5"行"3"列，单击【确定】按钮。选中表格，单击【开始】选项卡【字体】栏中的【字体】按钮，在下拉列表框中单击【宋体】；单击【字号】按钮，在下拉列表框中单击【32】；单击【颜色】按钮，在下拉列表框中单击【红色】按钮。单击【设计】选项卡【绘图边框】栏中的【笔画粗细】按钮，在弹出的下拉列表框中选择【2.25磅】。单击【绘图边框】栏中的【笔颜色】按钮，在弹出的下拉列表框中选择【黄色】。单击【设计】选项卡【表格样式】栏中的【边框】按钮，在弹出的下拉列表中选择【外侧框线】。单击【设计】选项卡【绘图边框】栏中的【笔画粗细】按钮，在弹出的下拉列表框中选择【1.5 磅】。单击【绘图边框】栏中的【笔颜色】按钮，在弹出的下拉列表框中选择【绿色】。单击【设计】选项卡【表格样式】栏中的【边框】按钮，在弹出的下拉列表中选择【内部框线】。单击【布局】选项卡【对齐方式】栏中的【垂直居中】按钮。将文档另存为"test14.pptx"。

6．SmartArt 图形的插入与设置

打开"test14.pptx"文档，在倒数第 1 张幻灯片的前面插入一张新幻灯片，在新幻灯片中插入如图 6.2 所示的 SmartArt 图形。将文档按原名保存。

操作步骤如下。

打开"test14.pptx"文档，选择倒数第 2 张幻灯片，按回车键插入新幻灯片。选择新插入的幻灯片，单击【插入】选项卡【插图】栏中的【SmartArt】按钮，将弹出【选择 SmartArt 图形】对话框。在该对话框中选择【层次结构】选项卡，在对话框中间栏中选择【层次结构】SmartArt 图

图 6.2　SmartArt 图形

形样式。在已经插入的 SmartArt 图形中，用鼠标选中右下角的形状的文本框，即标有"文本"字样的文本框，按"Delete"键将其删除。用鼠标分别选择每个形状的文本框，按照图 6.2 所示输入文字即可。单击快速访问工具栏中的【保存】按钮，将文档按原名保存。

7．图表的插入与设置

打开"test14.pptx"文档，在最后面插入一张新幻灯片，在其中插入一张图表，将实验内容 5 中的表格内容作为图表的内容，要求表格中"姓名"为列字段，"课程"为行字段，图表为簇状柱形图，标题为"数学与语文成绩表"，X 轴标题为"课程"，Y 轴为"成绩"，字体为黑体、20 磅，标题文字为 28 磅。将该文档另存为"test15.pptx"。

操作步骤如下。

打开"test14.pptx"文档，在最后面插入一张版式为【标题与内容】的新幻灯片，单击内容占位符中的【插入图表】图标按钮，在弹出的【插入图表】对话框中，选择【柱形图】选项卡中的【簇状柱形图】，单击【确定】按钮。在出现的 Excel 表格中输入内容，然后关闭 Excel 窗口。选中插入的图表，单击【布局】选项卡【标签】栏中的【图表标题】按钮，在弹出的列表框中选择【图表上方】选项，在幻灯片中出现的【图表标题】文本框中输入"数学与语文成绩表"。选中标题文本框，单击【开始】选项卡【字体】栏中的【字号】按钮，在展开的列表框中选择【28】。单击【布局】选项卡【标签】栏中的【坐标轴标题】按钮，在弹出的列表框中选择【主要横坐标轴标题】→【坐标轴下方标题】，在幻灯片中出现的【横坐标轴标题】文本框中输入"课程"。单击【布局】选项卡【标签】栏中的【坐标轴标题】按钮，在弹出的列表框中选择【主要纵坐标轴标题】→【竖排标题】，在幻灯片中出现的【纵坐标轴标题】文本框中输入"成绩"。分别选中【横坐标标题】和【纵坐标轴标题】文本框，单击【开始】选项卡【字体】栏中的【字体】按钮，在展开的列表框中选择【黑体】；单击【字号】按钮，在展开的列表框中选择【20】。将文档另存为"test15.pptx"。

实验四　PowerPoint 动画设置

一、实验目的

(1) 掌握幻灯片动画效果的设置方法。

(2) 掌握幻灯片切换效果的设置方法。

(3) 掌握幻灯片动作的设置方法。

(4) 掌握幻灯片超链接的设置方法。

二、实验内容及步骤

1．幻灯片动画效果的设置

打开"test15.pptx"文档，将第3张幻灯片的一级文本"上网时间安排要科学"设置动画效果为【强调】→【陀螺旋】，声音为【锤打】。设置所有二级文本动画效果为【进入】→【飞入】，第1个二级文本动画要求方向【自右侧】，第2个二级文本动画方向为【自左侧】，第3个二级文本动画方向为【自底部】。将文档另存为"test16.pptx"。

操作步骤如下。

打开"test15.pptx"文档。选择第3张幻灯片，选中一级文本"上网时间安排要科学"。单击【动画】选项卡【动画】栏中的【其他】按钮，在弹出的下拉列表框中选择【强调】组中的【陀螺旋】。单击【动画】选项卡【高级动画】栏中的【动画窗格】按钮，打开【动画窗格】任务窗格。然后，单击下方列表框中的【上网时间安排要科学】选项右边的向下箭头按钮，在下拉框中单击【效果选项】，在弹出的【陀螺旋】对话框的【效果】选项卡中，单击【增强】栏中的【声音】下拉列表框按钮，在列表框中选择【锤打】，单击【确定】按钮关闭对话框。选中全部的二级文本，单击【动画】选项卡【动画】栏中的【其他】按钮，在弹出的下拉列表框中选择【进入】组中的【飞入】。打开【动画窗格】任务窗格，单击下方列表框中第1个二级文本的动画选项，在下拉框中单击【效果选项】，在弹出的【飞入】对话框的【效果】选项卡中，单击【设置】栏中的【方向】下拉列表框按钮，在列表框中选择【自右侧】选项，单击【确定】按钮关闭对话框。用同样的方法设置第2个和第3个二级文本动画的方向为【自左侧】和【自底部】。将文档另存为"test16.pptx"。

2．幻灯片切换效果的设置

打开"test16.pptx"文档，为所有幻灯片设置切换效果，要求切换方式为"百叶窗"，速度为"2秒"，声音为"风铃"，换片方式为"单击鼠标时"。将文档另存为"test17.pptx"。

操作步骤如下。

打开"test16.pptx"文档，单击【切换】选项卡【切换到此幻灯片】栏中的【其他】按钮，在弹出的下拉列表框中选择【华丽型】组中的【百叶窗】。在【切换】选项卡【计时】栏中的【持续时间】变数框中输入"2.00"。单击【计时】栏中的【声音】下拉列表框按钮，在列表框中选择声音【风铃】。在【计时】栏中的【换片方式】组中，选择【单击鼠标时】复选框，再单击其中的【全部应用】按钮。将文档另存为"test17.pptx"。

3．幻灯片的动作设置

打开"test17.pptx"文档，为第4张幻灯片左上角的图片设置动作—播放时单击图片运行程序"regedit.exe"。将文档另存为"test18.pptx"。

操作步骤如下。

打开"test17.pptx"文档，选择第 4 张幻灯片，选中左上角的图片。单击【插入】选项卡【链接】栏中的【动作】按钮，将打开【动作设置】对话框。在【动作设置】对话框中选择【单击鼠标】选项卡，在【单击鼠标时的动作】栏中选择【运行程序】单选按钮，单击右边的【浏览】按钮，在弹出的【选择一个要运行的程序】对话框中，选择程序"C:\windows\regedit.exe"，单击【打开】按钮回到【动作设置】对话框，单击【确定】按钮。将文档另存为"test18.pptx"。

4．幻灯片的超链接设置

（1）打开"test18.pptx"文档，在第 3 张幻灯片中为一级文本"上网时间安排要科学"创建超链接，使之能链接到一个 Word 文档（可随意指定一个）。

（2）为第 2 张幻灯片中的文本"目标"创建超链接，链接到第 5 张幻灯片。将文档另存为"test19.pptx"。

操作步骤如下。

（1）打开"test18.pptx"文档，选中第 3 张幻灯片，选择文本"上网时间安排要科学"。单击【插入】选项卡【链接】栏中的【超链接】按钮，打开【插入超链接】对话框。在【插入超链接】对话框中单击【链接到】组中的【现有文件或网页】选项；在【查找范围】下拉列表框中选择 Word 文档所在的目录，在下面的列表框中选择要链接的文档，单击【确定】按钮结束。

（2）打开第 2 张幻灯片，选中文本【目标】。单击【插入】选项卡【链接】栏中的【超链接】按钮，在打开的【插入超链接】对话框中单击【链接到】组中的【本文档中的位置】选项，在【请选择文档中的位置】列表框中选择【幻灯片标题】选项，在展开的【幻灯片标题】下一级结构中选择【5】。单击【确定】按钮结束。将文档另存为"test19.pptx"。

实验五　PowerPoint 幻灯片放映的设置

一、实验目的

（1）掌握幻灯片放映的设置方法。

（2）掌握隐藏幻灯片的设置方法。

（3）掌握自定义放映的设置方法。

二、实验内容及步骤

1．幻灯片放映的设置

打开"test19.pptx"文档，为每张幻灯片设置排练时间分别为 1，2，3…秒，要求放映方式为"在展台浏览"，仅播放第 2~4 张，放映时不加动画，使用排练时间进行换片。将文档另存为"test20.pptx"。

操作步骤如下。

打开"test19.pptx"文档，单击【幻灯片放映】选项卡【设置】栏中的【排练计时】按钮，此时幻灯片开始放映，并出现一个【录制】工具栏，工具栏中有两个时间显示，中间的时间表示当前幻灯片的换片时间，右边的时间表示全部幻灯片的播放时间。当中间的时间显示为 1 时，表示这张幻灯片的换片时间为 1 秒，单击鼠标，开始播放第 2 张幻灯片；中间的时间从 0 开始计时，当其变为 2 时，单击鼠标，开始播放第 3 张幻灯片，依次类推，直到播放结束。单击【幻灯片放映】选项卡【设置】栏中的【设置幻灯片放映】按钮，在弹出的【设置放映方式】对话框中选择【放映类型】组中的【在展台浏览（全屏幕）】选项。在【放映幻灯片】组中设置放映范围为第 2~

4 页，在【放映选项】组中选择【放映时不加动画】选项。在【换片方式】组中选择【如果存在排练时间，则使用它】选项，单击【确定】按钮完成设置。最后，将文档另存为"test20.pptx"。

2．隐藏幻灯片的设置

打开"test20.pptx"文档，隐藏第2张、第4张和第5张幻灯片，播放过程中要求播放隐藏的第4张幻灯片。将文档另存为"test21.pptx"。

操作步骤如下。

打开"test20.pptx"文档，在幻灯片浏览视图或者普通视图中，按住"Ctrl"键，用鼠标选择第2、4、5张幻灯片，然后单击【幻灯片放映】选项卡【设置】栏中的【隐藏幻灯片】按钮。按"F5"键开始放映演示文稿，当浏览到第3张幻灯片的时候，用鼠标右键单击屏幕，在弹出的菜单中单击【定位至幻灯片】→【幻灯片4】，则可将隐藏的幻灯片播放出来。将文档另存为"test21.pptx"。

3．自定义放映的设置

打开"test21.pptx"文档，将所有隐藏的幻灯片取消隐藏。按照第4张、第3张、第5张、第2张的顺序自定义放映，并取名为"练习1"。将文档另存为"test22.pptx"，并进行播放。

操作步骤如下。

打开"test21.pptx"文档，在幻灯片浏览视图中，按住"Ctrl"键，单击所有被设置为隐藏的幻灯片，然后单击【幻灯片放映】选项卡【设置】栏中的【隐藏幻灯片】按钮，取消隐藏。单击【幻灯片放映】选项卡【开始放映幻灯片】栏中的【自定义幻灯片放映】按钮，单击【自定义放映】命令，在弹出的【自定义放映】对话框中，单击【新建】按钮。弹出【定义自定义放映】对话框。在【幻灯片放映名称】文本框中输入"练习1"。在【演示文稿中的幻灯片】列表中，分别选择第4、3、5、2项，每选择一项，就单击一次【添加】按钮，则该项会出现在右边的【在自定义放映中的幻灯片】列表中。完成后，就单击【确定】按钮，回到【自定义放映】对话框中。单击【关闭】按钮，结束设置。

单击【幻灯片放映】选项卡【设置】栏中的【设置幻灯片放映】按钮，在弹出的【设置放映方式】对话框中，选择【放映幻灯片】项目组中的【自定义放映】，在其下面的下拉列表框中选择名称为"练习1"的选项。单击【确定】按钮，按"F5"键开始放映演示文稿。将文档另存为"test22.Pptx"。

实验六　PowerPoint 的打包与打印

一、实验目的

（1）掌握演示文稿的打包操作方法。

（2）掌握演示文稿的打印设置与操作方法。

二、实验内容及步骤

1．演示文稿的打包操作

打开"test22.pptx"文档，对其进行打包。打包要求：选择打包文件为"test1"到"test21"，设置文件打开密码为"123"，打包到D盘的"test"目录下。

操作步骤如下。

打开"test22.pptx"文档，单击【文件】选项卡，在弹出的快捷菜单中选择【保存并发送】命令，在中间的【文件类型】栏中选择【将演示文稿打包成CD】命令，在右边的【将演示文稿打包成 CD 】栏中选择【打包成 CD 】按钮，将弹出【打包成 CD 】对话框。在弹出的【打包成 CD 】对话框中，单击【添加】按钮，在弹出的【添加文件】对话框中，进入 "D:\test" 目录，选择文件 "test1" 到 "test21"，单击【添加】按钮，完成文件的添加操作。在【打包成 CD 】对话框中单击【选项】按钮，在【选项】对话框的【打开文件和修改每个演示文稿时所用密码】的文本框中输入密码 "123"，单击【确定】按钮。在【打包成 CD 】对话框中，单击【复制到文件夹】按钮，在【复制到文件夹】对话框的【位置】文本框中输入 "D:\test\"，单击【确定】按钮，完成打包操作。

2．演示文稿的打印设置

打印 "test22.pptx" 文档。要求：打印份数为两份，打印内容为 "讲义"，每页幻灯片数为 4，幻灯片不加边框。

操作步骤如下。

打开 "test22.pptx" 文档，单击【文件】按钮，在弹出的快捷菜单中选择【打印】选项卡命令，将显示【打印】选项卡内容区域。在【打印】选项卡的【打印】栏中的【份数】变数文本框中输入 "2"。在【设置】栏中，单击【整页幻灯片】列表框按钮，在弹出的列表中选择讲义组中的【4 张水平放置的幻灯片】选项；单击【整页幻灯片】列表框按钮，在弹出的列表中选择【幻灯片加框】命令，取消对该命令的勾选。单击【打印】按钮开始打印。

实验七　PowerPoint 综合练习

一、实验目的

（1）掌握文档的建立、幻灯片文本的录入、保存和关闭的操作方法。

（2）掌握图片的插入、声音、影片、艺术字、表格的插入与设置方法。

（3）掌握 SmartArt 图形的插入与设置方法。

（4）掌握图表的设置，隐藏幻灯片的方法。

（5）掌握自定义放映的设置方法，文稿的打包、打印设置与操作方法。

二、实验内容及步骤

1．按要求完成以下操作之一

（1）打开 PowerPoint 2010，新建空白演示文稿，第 1 张幻灯片版式为 "标题和内容"。

（2）输入标题 "计算机组成"，正文内容输入以下 4 行文字。

中央处理器 CPU

存储器

输入设备

输出设备

（3）插入第 2 张幻灯片，要求使用 "空白" 版式，插入一个文本框，并在这个文本框中输入 "计算机的发展阶段" 和 "计算机的发展概况"。

（4）选择 "暗香扑面" 设计模板主题修饰该演示文稿。

（5）将该演示文稿以 "test30.pptx" 为文件名保存在 "D:\test\" 目录下。

操作步骤如下。

（1）选择【开始】菜单→【所有程序】→【Microsoft Office】→【Microsoft Office PowerPoint 2010】命令，运行 PowerPoint 2010 应用程序，系统自动新建一个演示文稿，并显示

第1张标题幻灯片。单击【开始】选项卡【幻灯片】栏中的【版式】按钮，在列表框中选择【标题和内容】幻灯片版式。

（2）单击幻灯片的【标题】占位符，在其中输入"计算机组成"；单击【内容】占位符，输入以下4行文字。

中央处理器 CPU

存储器

输入设备

输出设备

（3）单击【开始】选项卡【幻灯片】栏中的【新建幻灯片】按钮，插入第2张幻灯片。选择第2张幻灯片，单击【开始】选项卡【幻灯片】栏中的【版式】按钮，在列表框中选择【空白】幻灯片版式。单击【插入】选项卡【文本】栏中的【文本框】按钮，鼠标指针变成一把宝剑的样子，然后将鼠标指针指向幻灯片的空白处，按住鼠标左键，拖动鼠标，在出现的文本框中输入"计算机的发展阶段"和"计算机的发展概况"。

（4）单击【设计】选项卡【主题】栏中的【暗香扑面】图标按钮。

（5）单击快速访问工具栏上的【保存】按钮，或者选择【文件】→【保存】命令，在【另存为】对话框中选择保存路径"D:\test"，输入文件名"test30"，单击【保存】按钮完成文档的保存。

2．按要求完成以下操作之二

（1）新建空白演示文稿，第1张幻灯片要求使用"垂直排列标题与文本"版式，输入文字，如图6.3所示。

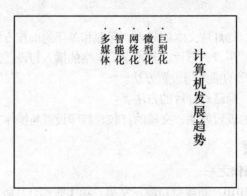

图6.3　垂直排列标题与文本

（2）设置该幻灯片背景填充效果为"漫漫黄沙"。

（3）设置文本框中文字段落居中，行距为2行，所有字体大小不变，颜色更改为RGB（0，255，0）。

（4）将该演示文稿以"test31.pptx"为文件名保存在"D:\test\"目录下。

操作步骤如下。

（1）运行 PowerPoint 2010 应用程序，系统自动新建一个演示文稿。单击【开始】选项卡【幻灯片】栏中的【版式】按钮，在列表框中选择【垂直排列标题与文本】幻灯片版式。在幻灯片中输入图6.3中的文字。

（2）单击【设计】选项卡，在右边的【背景】栏中单击【背景样式】命令，将展开一个列表框。单击【设置背景样式】命令，打开【设置背景样式】对话框。单击对话框中左边列表框中的【填充】选项卡，在对话框的右边选择单选按钮【渐变填充】。单击【预设颜色】下拉列表框按钮，在展开的列表框中选择【漫漫黄沙】，单击【设置背景样式】对话框标题栏右边的【关闭】按钮结束设置。

（3）选中【内容】占位符，单击【开始】选项卡【段落】栏中的【居中】图标按钮，设置段落居中对齐。单击【开始】选项卡【段落】栏中的【行距】图标按钮，在弹出的列表框中选择【2.0】选项。单击【开始】选项卡【字体】栏中的【颜色】图标按钮，在弹出的列表框中选择【其他颜色】选项。在【颜色】对话框中选择【自定义】选项卡。在该选项卡中设置颜色模式为 RGB，红色为 0，绿色为 255，蓝色为 0。单击【确定】按钮完成设置。

（4）单击快速访问工具栏上的【保存】按钮，或者选择【文件】→【保存】命令，在【另存为】对话框中选择保存路径 "D:\test"，输入文件名 "test31"，单击【保存】按钮完成文档的保存。

3．按要求完成以下操作之三

（1）新建空白演示文稿，第 1 张用 "标题和内容" 版式。输入标题 "古诗"，输入内容如下。

白日依山尽，

黄河入海流。

欲穷千里目，

更上一层楼。

（2）设置主标题文字属性为 54 号、黑体，文本设置为 32 号、仿宋。

（3）去掉正文内容中的项目符号和编号。

（4）将该演示文稿以 "test32.pptx" 为文件名保存在 "D:\test\" 目录下。

操作步骤如下。

（1）运行 PowerPoint 2010 应用程序，系统自动新建一个演示文稿。单击【开始】选项卡【幻灯片】栏中的【版式】按钮，在列表框中选择【标题和内容】幻灯片版式。在【标题】占位符中输入 "古诗"，在【正文内容】占位符中输入以下 4 行文字。

白日依山尽，

黄河入海流。

欲穷千里目，

更上一层楼。

（2）选中标题文字，单击【开始】选项卡【字体】栏中的【字体】按钮，在弹出的列表框中选择字体为黑体。单击【开始】选项卡【字体】栏中的【字号】按钮，在弹出的列表框中选择字号为 54。单击【正文内容】占位符或者选中正文文字，单击【开始】选项卡【字体】栏中的【字体】按钮，在弹出的列表框中选择字体为仿宋。单击【开始】选项卡【字体】栏中的【字号】按钮，在弹出的列表框中选择字号为 32。

（3）单击【开始】选项卡【段落】栏中的【项目符号】按钮，在弹出的列表框中选择【无】。

（4）单击快速访问工具栏上的【保存】按钮，或者选择【文件】→【保存】命令，在【另存为】对话框中选择保存路径 "D:\test"，输入文件名 "test32"，单击【保存】按钮完成文档的保存。

4．按要求完成以下操作之四

（1）使用模板 "培训" 创建演示文稿。

（2）设置页面高为 15 厘米、宽为 20 厘米。

（3）切换到幻灯片母版视图，编辑 "标题母版"，删除 "页脚区" 和 "数字区"，将 "日期区" 置于页面底部中间，删除 "副标题区"。

（4）将该演示文稿另存为演示文稿设计模板，以 "test33.pot" 为文件名保存在 "D:\test\" 目录下。

操作步骤如下。

（1）运行 PowerPoint 2010 应用程序。选择【文件】→【新建】命令→【样本模板】→【培训】。

（2）单击【设计】选项卡【页面设置】栏中的【页面设置】按钮，打开【页面设置】对话框。在对话框中设置页面高为 15 厘米、宽为 20 厘米。

（3）单击【视图】选项卡，在【母版视图】栏中单击【幻灯片母版】按钮，在窗口左侧窗格的【幻灯片】选项卡中选择【标题幻灯片】。选择【页脚区】占位符，按 "Delete" 键删除【页脚区】。选择【数字区】占位符，按 "Delete" 键删除【数字区】。用鼠标拖动【日期区】占位符到页面底部中间。选择【副标题区】占位符，按 "Delete" 键。单击【幻灯片母版】选项卡【关闭】栏中的【关闭母版视图】按钮，关闭幻灯片母版设置。

（4）单击快速访问工具栏上的【保存】按钮，或者选择【文件】→【另存为】命令，在【另存为】对话框中选择保存路径 "D:\test"，输入文件名 "test33"，选择保存类型为【演示文稿设计模板】，单击【保存】按钮完成文档的保存。

5．按要求完成以下操作之五

（1）打开 "D:\test\" 目录下的演示文稿 "test30.pptx"。

（2）在最后插入一张新幻灯片，版式为空白。

（3）在新插入的幻灯片中加入剪贴画 "businessmen"。

（4）利用图片超链接到第 1 张幻灯片。

（5）将该演示文稿以 "test 34.pptx" 为文件名保存在 "D:\test\" 目录下。

操作步骤如下。

（1）运行 PowerPoint 2010 应用程序，选择【文件】→【打开】命令，在【打开】对话框中选择目录 "D:\test"，选择文件 "test 30.pptx"，单击【打开】按钮。

（2）单击窗口左侧窗格中的【幻灯片】选项卡，选择最后一张幻灯片，按回车键，插入一张新的幻灯片。单击【开始】选项卡【幻灯片】栏中的【版式】按钮，在列表框中选择【空白】幻灯片版式。

（3）单击【插入】选项卡【图像】栏中的【剪贴画】按钮，在视图右边出现的【剪贴画】窗格中，单击【结果类型】下拉框按钮，在下拉框中取消对【所有媒体类型】的选择，只选中【插图】选项。单击【搜索】按钮，在出现的剪贴画中单击剪贴画 "businessmen"。

（4）选中幻灯片中的剪贴画，单击【插入】选项卡【链接】栏中的【超链接】按钮，在打开的【插入超链接】对话框中单击【链接到】组中的【本档中的位置】选项，在【请选择文档中的位置】列表框中选择【幻灯片标题】选项，在展开的【幻灯片标题】下一级结构中选择【1】。单击【确定】按钮结束。

（5）单击快速访问工具栏上的【保存】按钮，或者选择【文件】→【保存】命令，在【另存为】对话框中选择保存路径 "D:\test"，输入文件名 "test34"，单击【保存】按钮完成文档的保存。

6．按要求完成以下操作之六

（1）新建空白演示文稿，第 1 张幻灯片应用 "仅标题" 版式。

（2）输入标题文字 "课程安排" 要求字体为华文中宋，字号为 44，字形为粗体。

（3）插入如图 6.4 所示的表格，要求字体为宋体、16 号、蓝色，表格边框为橄榄色。

（4）将该演示文稿以 "test 35.pptx" 为文件名保存在 "D:\test\" 目录下。

操作步骤如下。

（1）运行 PowerPoint 2010 应用程序，系统自动新建一个演示文稿。单击【开始】选项卡【幻灯片】栏中的【版式】按钮，在列表框中选择【仅标题】幻灯片版式。

时间　　星期		星期一	星期二	星期三	星期四	星期五
上午	1-2节	英语	历史	政治	数学	语文
	3-4节	数学	物理	语文	地理	英语
下午	5-6节	语文	化学	地理	英语	历史
	7-8节	自习	自习	自习	自习	自习

图 6.4　插入表格的内容

（2）在【标题】占位符中输入标题"课程安排"。单击【标题】占位符或者选中标题文字，单击【开始】选项卡【字体】栏中的【字体】按钮，在弹出的列表框中选择字体为【华文中宋】。单击【开始】选项卡【字体】栏中的【字号】按钮，在弹出的列表框中选择字号为【44】。单击【开始】选项卡【字体】栏中的【加粗】按钮。

（3）单击【插入】选项卡【表格】栏中的【表格】按钮，在弹出的列表框中选择【6】行【6】列，松开鼠标即可。选中表格，单击【开始】选项卡【字体】栏中的【字体】按钮，在下拉列表框中单击【宋体】；单击【字号】按钮，在下拉列表框中单击【16】。单击【颜色】按钮，在下拉列表框中单击【蓝色】按钮。单击【设计】选项卡【绘图边框】栏中的【笔画粗细】按钮，在弹出的下拉列表框中选择【1.0 磅】，单击【绘制表格】按钮，这时鼠标指针变成笔状，移动鼠标在 A1 中绘制斜线。选择 A2:B5 单元格区域，单击【拆分单元格】命令，拆分为 2 行 2 列，输入相应的内容。单击【绘图边框】栏中的【笔颜色】按钮，在弹出的下拉列表框中选择【橄榄色】。单击【设计】选项卡【表格样式】中的【边框】按钮，在弹出的下拉列表中选择【所有框线】。

（4）单击快速访问工具栏上的【保存】按钮，或者选择【文件】→【保存】命令。在【另存为】对话框中选择保存路径"D:\test"，输入文件名"test35"，单击【保存】按钮完成文档的保存。

7．按要求完成以下操作之七

（1）新建空白演示文稿，第 1 张幻灯片应用"只有标题"版式。

（2）输入文字"培训内容"作为标题，在标题下插入自选图形"横卷形"旗帜，填充颜色设置为浅橘黄色（RGB 为（255，153，0）），线条颜色为黄色（RGB 为（255，255，0））。

（3）在图形中输入以下文字。

制作简单的演示文稿

制作专业化的演示文稿

使幻灯片具有丰富的颜色

使幻灯片动起来

要求设置字号为 44，设置文字底端对齐显示，并设置钻石形状的项目符号。

（4）将该演示文稿以"test 36.pptx"为文件名保存在"D:\test\"目录下。

操作步骤如下。

（1）运行 PowerPoint 2010 应用程序，系统自动新建一个演示文稿。单击【开始】选项卡【幻灯片】栏中的【版式】按钮，在列表框中选择【只有标题】幻灯片版式。

（2）在标题占位符中输入标题文字"培训内容"。单击【插入】选项卡【插图】栏中的【形状】按钮，在列表框中选择【星与旗帜】→【横卷形】，鼠标指针变成"+"字形，在幻灯片上拖动鼠标，生成横卷图形。选中该图形，单击【格式】选项卡【形状样式】栏中的【形状填充】按钮，在下拉列表框中选择【其他填充颜色】，在打开的【颜色】对话框中选择【自定义】选项卡，在该选项卡中设置颜色模式为 RGB，红色为 255，绿色为 153，蓝色为 0，单击【确定】按钮关闭对话框。单击【形状轮廓】按钮，在下拉列表框中选择【其他轮廓颜色】，在打开的【颜色】对话框中选择【自定义】选项卡，在该选项卡中设置颜色模式为 RGB，红色为 255，绿色为 255，蓝色为 0，单击【确定】按钮关闭对话框。

（3）选中【横卷形】旗帜图形，单击鼠标右键，在弹出的快捷菜单中选择【编辑文字】，然后输入指定的文字内容。单击【开始】选项卡【字体】栏中的【字号】按钮，在下拉列表框中选择【44】。单击【开始】选项卡【段落】栏中的【对齐文本】按钮，在下拉列表框中选择【底端对齐】。单击【开始】选项卡【段落】栏中的【项目符号】按钮，在下拉列表框中选择【带填充效果的钻石形项目符号】。

（4）单击快速访问工具栏上的【保存】按钮，或者选择【文件】→【保存】命令，在【另存为】对话框中选择保存路径"D:\test"，输入文件名"test36"，单击【保存】按钮完成文档的保存。

8．按要求完成以下操作之八

（1）新建空白演示文稿，选择"test33.Pot"设计模板修饰该演示文稿；输入文字"PowerPoint 2010"作为第 1 张幻灯片的标题。

（2）在幻灯片右上角插入艺术字"学习篇"，样式为渐变填充、蓝色（第 4 行第 1 个），字体为黑体、48 号。

（3）将艺术字线条颜色设为 RGB（255，128，0），并给艺术字加预设填充效果"金色年华"。

（4）设置艺术字阴影为"外部向右偏移"。

（5）将该演示文稿以"test 37.pptx"为文件名保存在"D:\test\"目录下。

操作步骤如下。

（1）运行 PowerPoint 2010 应用程序，单击【文件】按钮，在弹出的快捷菜单中选择【新建】命令，在【可用的模板和主题】栏中选择【我的模板】选项。在弹出的对话框中选择"test 33.pptx"文档，单击【确定】按钮。在第 1 张幻灯片的【标题】占位符中输入标题文字"PowerPoint 2010"。

（2）单击【插入】选项卡【文本】栏中的【艺术字】按钮，在弹出的艺术字样式列表中单击第 4 行第 1 个艺术字样式。在幻灯片中出现的文本框中输入文字"学习篇"。单击【开始】选项卡【字体】栏中的【字体】按钮，在下拉列表框中选择【黑体】。单击【开始】选项卡【字体】栏中的【字号】按钮，在下拉列表框中选择【48】。用鼠标将艺术字"学习篇"拖动到幻灯片右上角。

（3）选中【艺术字】文本框，单击【格式】选项卡【艺术字样式】栏中的【文本填充】按钮，选择【渐变】栏中的【其他渐变】命令，在弹出的【设置文本效果格式】对话框中，单击【预设颜色】按钮，在下拉列表框中选择【金色年华】，单击【关闭】按钮。单击【格式】选项卡【艺术字样式】栏中的【文本轮廓】按钮，选择【其他轮廓颜色】命令。在打开的【颜色】对话框中选择【自定义】选项卡，在该选项卡中设置颜色模式为 RGB，红色为 255，绿色为 128，蓝色为 0，单击【确定】按钮关闭对话框。

（4）单击【格式】选项卡【艺术字样式】栏中的【文本效果】按钮，选择【阴影】命令，在展开的级联菜单中选择【外部】组中的【向右偏移】图标按钮。

（5）单击快速访问工具栏上的【保存】按钮，或者选择【文件】→【保存】命令，在【另存为】对话框中选择保存路径"D:\test"，输入文件名"test 37"，单击【保存】按钮完成文档的保存。

9．按要求完成以下操作之九

（1）打开"D:\test\"目录下的演示文稿"test 34.pptx"。

（2）设置第 1 张幻灯片动画方案为"玩具风车"。

（3）设置第 3 张幻灯片中图片的动画效果为"自顶部飞入"，持续时间为 1.5 秒，声音为"风铃"。

（4）将该演示文稿以"test 38.pptx"为文件名保存在"D:\test\"目录下。

操作步骤如下。

（1）运行 PowerPoint 2010 应用程序，选择【文件】→【打开】命令，在【打开】对话框中选择目录"D:\test"，选择文件"test 34.pptx"，单击【打开】按钮。

（2）单击【动画】选项卡【动画】栏中的【其他】按钮，在弹出的下拉列表框中选择【更多进入效果】选项。在弹出的【更多进入效果】对话框的【华丽型】组中，选择【玩具风车】选项，单击【确定】按钮完成设置。

（3）选中第 3 张幻灯片中的图片，单击【动画】选项卡【动画】栏中的【其他】按钮，在弹出的下拉列表框中选择【进入】组中的【飞入】。单击【动画】选项卡【动画】栏中的【效果选项】按钮，在弹出的下拉列表框中选择【自顶部】。单击【动画】选项卡【高级动画】栏中的【动画窗格】按钮，打开【动画窗格】任务窗格。然后，单击任务窗格中的动画选项右边的向下箭头按钮，在下拉列表框中选择【效果选项】，在弹出的【飞入】对话框的【效果】选项卡中，单击【增强】栏中的【声音】下拉列表框按钮，在列表框中选择【风铃】。单击【飞入】对话框中的【计时】选项卡，在【期间】下拉列表框的文本框中输入"1.5"秒，单击【确定】按钮关闭对话框。

（4）单击快速访问工具栏上的【保存】按钮，或者选择【文件】→【保存】命令，在【另存为】对话框中选择保存路径"D:\test"，输入文件名"test 38"，单击【保存】按钮完成文档的保存。

10．按要求完成以下操作之十

（1）打开"D:\test\"目录下的演示文稿"test 37.pptx"。

（2）将演示文稿"test36.pptx"中的幻灯片插入到当前演示文稿的后面。

（3）设置所有幻灯片的切换方式为"自底部揭开"，速度为 1.5 秒，按每张幻灯片放映 3 秒进行自动切换。

（4）将该演示文稿以"test39.pptx"为文件名保存在"D:\test\"目录下。

操作步骤如下。

（1）运行 PowerPoint 2010 应用程序，选择【文件】→【打开】命令，在【打开】对话框中选择目录"D:\test"，选择文件名"test37.pptx"，单击【打开】按钮。

（2）选择最后一张幻灯片，单击【开始】选项卡【幻灯片】栏中的【新建幻灯片】按钮，在弹出的列表框中选择【重用幻灯片】命令，在打开的【重用幻灯片】窗格中，单击【浏览】按钮，在弹出的下拉列表框中选择【浏览文件】选项，将打开【浏览】对话框。在【浏览】对话框中选择文件"test 36.pptx"，单击【打开】按钮关闭对话框。此时，在【重用幻灯片】窗格中将以缩略图的形式显示"test 36.pptx"演示文稿中所有的幻灯片。单击需要插入的幻灯片缩略图，即可将该幻灯片插入到当前的演示文稿中。

（3）单击【切换】选项卡【切换到此幻灯片】栏中的【其他】按钮；在弹出的下拉列表框中选择【细微型】组中的【揭开】。单击【切换】选项卡【切换到此幻灯片】栏中的【效果选项】按钮，在弹出的下拉列表框中选择【自底部】。在【切换】选项卡【计时】栏中的【持续时间】变数框中输入"1.5"。在【计时】栏中的【换片方式】组中，选择【设置自动换片时间】复选框，并在变数框中输入"3"，再单击其中的【全部应用】按钮。

（4）单击快速访问工具栏上的【保存】按钮，或者选择【文件】→【保存】命令，在【另存为】对话框中选择保存路径"D:\test"，输入文件名"test39"，单击【保存】按钮完成文档的保存。

附录

计算机应用基础选择题及
参考答案

一、计算机应用基础选择题

1. CPU 中有一个程序计数器（又称指令计数器），它用于存放（　　）。
   A. 正在执行的指令的内容　　　　　　　B. 下一条要执行的指令的内容
   C. 正在执行的指令的内存地址　　　　　D. 下一条要执行的指令的内存地址

2. 通常以 MIPS 为单位来衡量计算机的性能，它指的是计算机的（　　）。
   A. 传输速率　　　B. 存储容量　　　C. 字长　　　D. 运算速度

3. 将高级语言编写的程序翻译成机器语言程序，采用的两种翻译方式是（　　）。
   A. 编译和解释　　B. 编译和汇编　　C. 编译和连接　　D. 解释和汇编

4. 计算机采用总线结构对存储器和外设进行协调。总线常由（　　）3 部分组成。
   A. 数据总线、地址总线和控制总线　　　B. 输入总线、输出总线和控制总线
   C. 外部总线、内部总线和中枢总线　　　D. 通信总线、接收总线和发送总线

5. Internet 中完成从域名到 IP 地址或者从 IP 地址到域名转换的是（　　）服务。
   A. DNS　　　　　B. FTP　　　　　C. WWW　　　　D. ADSL

6. 若在一个非 "0" 无符号二进制整数右边加两个 "0" 形成一个新的数，则新数的值是原数值的（　　）。
   A. 4 倍　　　　　B. 2 倍　　　　　C. 1/4　　　　　D. 1/2

7. 国标中的 "国" 字的十六进制编码为 397A，其对应的汉字机内码为（　　）。
   A. B9FA　　　　B. BB3H7　　　　C. A8B2　　　　D. C9HA

8. 已知字符 B 的 ASCII 码的二进制数是 1000010，字符 F 对应的 ASCII 码的十六进制数为（　　）。
   A. 70　　　　　B. 46　　　　　C. 65　　　　　D. 37

9. 某显示器技术参数标明 "TFT，1024×768"，则 "1024×768" 表明该显示器的（　　）。
   A. 分辨率是 1024×768　　　　　　　　B. 尺寸是 1024mm×768mm
   C. 刷新率是 1024×768　　　　　　　　D. 真彩度是 1024×768

10. 所有与 Internet 相连的计算机必须遵守一个共同协议，即（　　）。
    A. http　　　　B. IEEE802.11　　　C. TCP/IP　　　D. IPX

11. 有关计算机性能指标的时钟主频，下面的描述中错误的是（　　）。
    A. 时钟主频是指 CPU 的时钟频率
    B. 时钟主频的高低在一定程度上决定了计算机速度的高低

C.　主频以 MHz 为单位

D.　一般来说，主频越高，速度越快

12.　下列 4 个无符号十进制整数中，能用 8 个二进制位表示的是（　　）。

A.　257　　　　　B.　201　　　　　C.　313　　　　　D.　296

13.　半导体只读存储器（ROM）与半导体随机存取存储器（RAM）的主要区别在于（　　）。

A.　ROM 可以永久保存信息，RAM 在断电后信息会丢失

B.　ROM 断电后，信息会丢失，RAM 则不会

C.　ROM 是内存储器，RAM 是外存储器

D.　RAM 是内存储器，ROM 是外存储器

14.　在多媒体计算机系统中，不能用以存储多媒体信息的是（　　）。

A.　磁带　　　　　B.　光缆　　　　　C.　磁盘　　　　　D.　光盘

15.　在一间办公室内要实现所有计算机联网，一般应选择（　　）网。

A.　GAN　　　　　B.　MAN　　　　　C.　LAN　　　　　D.　WAN

16.　每帧的线数和每线的点数的乘积（整个屏幕上像素的数目（列×行））就是显示器的（　　）。

A.　色彩精度　　　　B.　尺寸　　　　　C.　分辨率　　　　　D.　显存

17.　设汉字点阵为 32×32，那么 100 个汉字的字形状信息所占用的字节数是（　　）。

A.　12 800　　　　B.　3 200　　　　　C.　32×3 200　　　　D.　128K

18.　下面不是汉字输入码的是（　　）。

A.　五笔字形码　　　B.　全拼编码　　　　C.　双拼编码　　　　D.　ASCII 码

19.　下列字符中，ASCII 码值最小的是（　　）。

A.　a　　　　　　　B.　A　　　　　　　C.　x　　　　　　　D.　Y

20.　对于众多个人用户来说，接入因特网最经济、最简单、采用最多的方式是（　　）。

A.　局域网连接　　　B.　专线连接　　　　C.　电话拨号　　　　D.　无线连接

21.　有关计算机软件，下列说法中错误的是（　　）。

A.　操作系统的种类繁多，依其功能和特性分为批处理操作系统、分时操作系统和实时操作系统等；依同时管理用户数的多少分为单用户操作系统和多用户操作系统

B.　操作系统提供了一个软件运行的环境，是最重要的系统软件

C.　Microsoft Office 软件是 Windows 环境下的办公软件，但它并不能用于其他操作系统环境

D.　操作系统的功能主要是管理，即管理计算机的所有软件资源

22.　在微型计算机的汉字系统中，一个汉字的内码占（　　）个字节。

A.　1　　　　　　　B.　2　　　　　　　C.　3　　　　　　　D.　4

23.　设备价格低廉、打印质量高于点阵打印机，还能彩色打印、无噪声，但是打印速度慢、耗材贵，这样的打印机为（　　）。

A.　点阵打印机　　　B.　针式打印机　　　C.　喷墨打印机　　　D.　激光打印机

24.　某主机的电子邮件地址为 cat@public.mba.net.cn，其中"cat"代表（　　）。

A.　用户名　　　　　B.　网络地址　　　　C.　域名　　　　　　D.　主机名

25.　一般计算机硬件系统的主要组成部件有 5 大部分，下列选项中不属于这 5 大部分的是（　　）。

A.　运算器　　　　　　　　　　　　　　B.　软件

C. 输入设备和输出设备　　　　　　　　　　D. 控制器

26. 计算机从其诞生至今已经历了 4 个时代，其划分原则是根据（　　）。

A. 计算机所采用的电子器件　　　　　　B. 计算机的运算速度

C. 程序设计语言　　　　　　　　　　　D. 计算机的存储量

27. 在微型计算机的内存储器中，不能用指令修改其存储内容的是（　　）。

A. RAM　　　　　B. DRAM　　　　　C. ROM　　　　　D. SRAM

28. 下列各组设备中，完全属于内部设备的一组是（　　）。

A. 运算器、硬盘和打印　　　　　　　　B. 运算器、控制器和内存储器

C. 内存储器、显示器和键　　　　　　　D. CPU 和硬盘

29. Internet 是覆盖全球的大型互联网络，它用于连接多个远程网和局域网的互联设备主要是（　　）。

A. 路由器　　　　　B. 主机　　　　　C. 网桥　　　　　D. 防火墙

30. （　　）是系统部件之间传送信息的公共通道，各部件由总线连接并通过它传递数据和控制信号。

A. 总线　　　　　B. I/O 接口　　　　　C. 电缆　　　　　D. 扁缆

31. 下列设备中属于输出设备的是（　　）。

A. 键盘　　　　　B. 鼠标　　　　　C. 扫描仪　　　　　D. 显示器

32. 下列有关预防计算机病毒的做法或想法，叙述错误的是（　　）。

A. 在开机工作时，特别是在联网浏览时，一要打开个人防火墙，二要打开杀毒软件的实时监控

B. 打开朋友发送的电子邮件绝对不会有问题

C. 要定期备份重要的数据文件

D. 要定期用杀毒软件对计算机系统进行检测

33. 在计算机中存储一个汉字内码要用 2 个字节，每个字节的最高位是（　　）。

A. 1 和 1　　　　　B. 1 和 0　　　　　C. 0 和 1　　　　　D. 0 和 0

34. 无线网络相对于有线网络来说，它的优点是（　　）。

A. 传输速度更快，误码率更低　　　　　B. 设备费用低廉

C. 网络安全性好，可靠性高　　　　　　D. 组网安装简单，维护方便

35. 下面关于电子邮件的说法，不正确的是（　　）。

A. 电子邮件的传输速度比一般书信的传送速度快

B. 电子邮件是通过 Internet 邮寄的信件

C. 在因特网上收发电子邮件不受地域限制

D. 在因特网上收发电子邮件受到时间限制，双方计算机需要同时打开

36. 世界上第 1 台电子计算机诞生于（　　）年。

A. 1939　　　　　B. 1946　　　　　C. 1952　　　　　D. 1958

37. 用电子管作为电子器件制成的计算机属于（　　）。

A. 第 1 代　　　　　B. 第 2 代　　　　　C. 第 3 代　　　　　D. 第 4 代

38. 核爆炸和地震灾害之类的仿真模拟，其应用领域是（　　）。

A. 计算机辅助　　　　　B. 科学计算　　　　　C. 数据处理　　　　　D. 实时控制

39. 有关计算机的新技术，下列说法中错误的是（　　）。

A. 嵌入式技术是将计算机作为一个信息处理部件，嵌入到应用系统中的一种技术，也

就是说，它将软件固化集成到硬件系统中，将硬件系统与软件系统一体化

B. 网格计算利用互联网把分散在不同地理位置的电脑组织成一个"虚拟的超级计算机"

C. 网格计算技术能够提供资源共享，实现应用程序的互联互通，网格计算与计算机网络是一回事

D. 中间件是介于应用软件和系统软件之间的操作系统

40. 下列各种进制的数中，最小的数是（　　）。

A.（101001）B　　　B.（52）O　　　C.（2B）H　　　D.（44）D

41. 若某汉字机内码为 B9FA，则其国标码为（　　）。

A. 397AH　　　B. B9DAH　　　C. 13A7AH　　　D. B9FAH

42. 工厂的仓库管理软件属于（　　）。

A. 系统软件　　　B. 工具软件　　　C. 应用软件　　　D. 字处理软件

43. 一条计算机指令中通常包含（　　）。

A. 字符和数据　　　B. 操作码和操作数　　　C. 运算符和数据　　　D. 被运算数和结果

44. 计算机工作时，内存储器用来存储（　　）。

A. 数据和信号　　　B. 程序和指令　　　C. ASCII 码和汉字　　　D. 程序和数据

45. 以下关于优盘的叙述中，不正确的是（　　）。

A. 断电后数据不丢失，而且重量轻、体积小，一般只有拇指大小

B. 通过计算机的 USB 接口即插即用，使用方便

C. 不能用优盘替代软驱启动系统

D. 没有机械读/写装置，避免了移动硬盘容易碰伤、跌落等原因造成的损坏

46. 计算机系统采用总线结构对存储器和外设进行协调。总线常由（　　）3 部分组成。

A. 数据总线、地址总线和控制总线　　　B. 输入总线、输出总线和控制总线

C. 外部总线、内部总线和中枢总线　　　D. 通信总线、接收总线和发送总线

47. 以下属于点阵打印机的是（　　）。

A. 激光打印机　　　B. 喷墨打印机　　　C. 静电打印机　　　D. 针式打印机

48. 下列选项中，不属于计算机病毒特征的是（　　）。

A. 破坏性　　　B. 潜伏性　　　C. 传染性　　　D. 免疫性

49. 计算机网络按地理范围可分为（　　）。

A. 广域网、城域网和局域网　　　B. 广域网、因特网和局域网

C. 因特网、城域网和局域网　　　D. 因特网、广域网和对等网

50. 下列不属于 TCP/IP 参考模型中层次的是（　　）。

A. 应用层　　　B. 传输层　　　C. 会话层　　　D. 互联层

51. 世界上第 1 台电子计算机名叫（　　）。

A. EDVAC　　　B. ENIAC　　　C. EDSAC　　　D. MARK-II

52. 现代微机采用的主要元件是（　　）。

A. 电子管

B. 晶体管

C. 中小规模集成电路

D. 大规模、超大规模集成电路

53. 下列描述中不正确的是（　　）。

A. 多媒体技术最主要的两个特点是集成性和交互性

B. 所有计算机的字长都是固定不变的，都是 8 位

C. 计算机的存储容量是计算机的性能指标之一

D. 各种高级语言的编译系统都属于系统软件

54. 奔腾（Pentium）是（　　）公司生产的一种CPU的型号。
A. IBM　　　　　　B. Microsoft　　　　　C. Intel　　　　　　D. AMD

55. CPU、存储器和I/O设备是通过（　　）连接起来的。
A. 接口　　　　　　B. 内部总线　　　　　C. 系统总线　　　　D. 控制线

56. 在计算机技术指标中，字长用来描述计算机的（　　）。
A. 运算精度　　　　B. 存储容量　　　　　C. 存取周期　　　　D. 运算速度

57. 下列各组设备中，全部属于输入设备的一组是（　　）。
A. 键盘、磁盘和打印机　　　　　　　　　B. 键盘、扫描仪和鼠标
C. 键盘、鼠标和显示器　　　　　　　　　D. 硬盘、打印机和键盘

58. 下面关于解释程序和编译程序的论述，正确的是（　　）。
A. 编译程序和解释程序均能产生目标程序
B. 编译程序和解释程序均不能产生目标程序
C. 编译程序能产生目标程序，解释程序不能
D. 编译程序不能产生目标程序，而解释程序能

59. 一条计算机指令中，规定其执行功能的部分称为（　　）。
A. 源地址码　　　　B. 操作码　　　　　　C. 目标地址码　　　D. 数据码

60. 计算机的内存储器是指（　　）。
A. RAM和C磁盘　　B. ROM　　　　　　C. ROM和RAM　　　D. 硬盘和控制器

61. 以下有关光盘的叙述，错误的是（　　）。
A. 光盘只能读不能写
B. 有的光盘，用户可以写入，但只能写入一次；一旦写入，可多次读取
C. 有的光盘，可以多次对其进行读/写
D. DVD光盘与CD光盘大小相同，但其存储密度高、存储容量极大

62. 某计算机的内存容量为256M，指的是（　　）。
A. 256位　　　　　B. 256M字节　　　　　C. 256M字　　　　　D. 256 000K字

63. 下列设备中属于输出设备的是（　　）。
A. 图形扫描仪　　　B. 光笔　　　　　　　C. 打印机　　　　　D. 条形码阅读器

64. 下列关于计算机病毒的叙述中，正确的是（　　）。
A. 计算机病毒只感染exe或com文件
B. 计算机病毒可以通过读写优盘、光盘或Internet网络进行传播
C. 计算机病毒是通过电力网进行传播的
D. 计算机病毒是由于磁盘表面不清洁而造成的

65. 下列不属于网络拓扑结构形式的是（　　）。
A. 星形　　　　　　B. 环形　　　　　　　C. 总线　　　　　　D. 分支

66. 下列URL的表示方法中，正确的是（　　）。
A. http://www.microsoft.com/index.html　　　B. http:\\www.microsoft.com/index.html
C. http://www.microsoft.com\index.html　　　D. http//www.microsoft.com/index.html

67. 下列不属于微型计算机的技术指标的是（　　）。
A. 字节　　　　　　B. 时钟主频　　　　　C. 运算速度　　　　D. 存取周期

68. 下列叙述中，正确的是（　　）。

A. 用高级语言编写的程序称为源程序

B. 计算机直接识别并执行的是用汇编语言编写的程序

C. 机器语言编写的程序需编译和链接后才能执行

D. 机器语言编写的程序具有良好的可移植性

69. CAM 的含义是（　　）。

A. 计算机辅助设计　B. 计算机辅助教学　　C. 计算机辅助制造　D. 计算机辅助测试

70. 计算机之所以能够实现连续运算，是由于采用了（　　）工作原理。

A. 布尔逻辑　　　B. 存储程序　　　　C. 数字电路　　　　D. 集成电路

71. 在计算机术语中，bit 的中文含义是（　　）。

A. 位　　　　　　B. 字节　　　　　　C. 字　　　　　　　D. 字长

72. 汉字国标码（GB2312—80）将汉字分成（　　）。

A. 一级汉字和二级汉字 2 个等级　　　　　B. 一级、二级、三级 3 个等级

C. 简体字和繁体字 2 个等级　　　　　　　D. 常见字和罕见字 2 个等级

73. 最大的 10 位无符号二进制整数转换成十进制数是（　　）。

A. 511　　　　　B. 512　　　　　　C. 1 023　　　　　D. 1 024

74. 用高级程序设计语言编写的程序称为（　　）。

A. 目标程序　　　B. 可执行程序　　　C. 源程序　　　　　D. 伪代码程序

75. 有关 USB 移动硬盘的优点，叙述不正确的选项是（　　）。

A. 体积小、重量轻、容量大

B. 存取速度快

C. 可以通过 USB 接口即插即用

D. 在 Windows XP 操作系统下，不需要驱动程序，不可以直接热插拔

76. 在 CPU 中配置高速缓冲存储器（Cache）是为了解决（　　）。

A. 内存与辅助存储器之间速度不匹配的问题

B. CPU 与辅助存储器之间速度不匹配的问题

C. CPU 与内存储器之间速度不匹配的问题

D. 主机与外设之间速度不匹配的问题

77. 屏幕上图像的清晰度取决于能在屏幕上独立显示点的直径，这种独立显示的点称为（　　）。

A. 点距　　　　　B. 焦点　　　　　　C. 像素　　　　　　D. 分辨点

78. 下面各项中不属于多媒体硬件的是（　　）。

A. 光盘驱动器　　B. 视频卡　　　　　C. 音频卡　　　　　D. 加密卡

79. 下列不能用来作为存储容量的单位是（　　）。

A. KB　　　　　　B. GB　　　　　　C. BYTE　　　　　　D. MIPS

80. 下列各项中，非法的 IP 地址是（　　）。

A. 33.112.78.6　B. 45.98.0.1　　　C. 79.45.9.234　　D. 166.277.13.98

81. 关于流媒体技术，下列说法中错误的是（　　）。

A. 实现流媒体需要合适的缓存

B. 媒体文件全部下载完成才可以播放

C. 流媒体可用于远程教育、在线直播等方面

D. 流媒体格式包括 asf、rm、ra 等

82. 计算机的发展趋势是（　　）、微型化、网络化和智能化。
　　A. 大型化　　　　　　B. 小型化　　　　　　C. 精巧化　　　　　　D. 巨型化

83. 在计算机内部对汉字进行存储、处理和传输的汉字代码是（　　）。
　　A. 汉字信息交换码　　　　　　　　　　　B. 汉字输入码
　　C. 汉字内码　　　　　　　　　　　　　　D. 汉字字形码

84. 计算机辅助设计简称（　　）。
　　A. CAT　　　　　　　B. CAM　　　　　　　C. CAI　　　　　　　D. CAD

85. 计算机系统由（　　）组成。
　　A. 主机和显示器　　　　　　　　　　　　B. 微处理器和软件组成
　　C. 硬件系统和应用软件组成　　　　　　　D. 硬件系统和软件系统组成

86. 计算机中的"字节"是常用单位，它的英文名字是（　　）。
　　A. bit　　　　　　　B. Byte　　　　　　　C. net　　　　　　　D. com

87. 计算机中采用二进制的原因是（　　）。
　　A. 通用性强　　　　　　　　　　　　　　B. 占用空间小、消耗能量少
　　C. 二进制的运算法则简单　　　　　　　　D. 上述 3 条都正确

88. 微型计算机普遍采用的字符编码是（　　）。
　　A. 原码　　　　　　　B. 补码　　　　　　　C. ASCII 码　　　　D. 汉字编码

89. 汉字输入编码共有 4 种方式，其中（　　）的编码长度是固定的。
　　A. 字形编码　　　　　B. 字音编码　　　　　C. 数字编码　　　　D. 音形混合编码

90. 中国台湾、香港等地区使用的繁体汉字的编码标准为（　　）码。
　　A. Unicode　　　　　B. UCS　　　　　　　C. BIG5　　　　　　D. GBK

91. 一般使用高级语言编写的程序称为源程序，这种程序不能直接在计算机中运行，需要由相应的语言处理程序将其翻译成（　　）程序才能运行。
　　A. 编译　　　　　　　B. 目标　　　　　　　C. 义书　　　　　　D. 汇编

92. RAM 具有的特点是（　　）。
　　A. 海量存储
　　B. 存储在其中的信息可以永久保存
　　C. 一旦断电，存储在其上的信息将全部消失且无法恢复
　　D. 存储在其中的数据不能改写

93. 度量存储容量的基本单位是（　　）。
　　A. 二进制位　　　　　B. 字节　　　　　　　C. 字　　　　　　　D. 字长

94. 存储 24×24 点阵的一个汉字信息，需要的字节数是（　　）。
　　A. 48　　　　　　　　B. 72　　　　　　　　C. 144　　　　　　　D. 192

95. 微型计算机存储系统中的 Cache 是（　　）。
　　A. 只读存储器　　　　　　　　　　　　　B. 高速缓冲存储器
　　C. 可编程只读存储器　　　　　　　　　　D. 可擦写只读存储器

96. 显示器显示图像的清晰程度，主要取决于显示器的（　　）。
　　A. 类型　　　　　　　B. 亮度　　　　　　　C. 尺寸　　　　　　D. 分辨率

97. 下列选项中，（　　）操作可能会感染病毒。
　　A. 打开电子邮件　　　B. 打开 Word 文档　　C. 浏览网页　　　　D. 以上操作均可能

98. 因特网属于（　　　）。

    A. 万维网   B. 局域网   C. 城域网   D. 广域网

99. 下列域名书写正确的是（　　　）。

    A. _catch.gov.cn   B. catch.gov.cn   C. catch,edu.cn   D. catch..gov.cn1

100. IE 浏览器收藏夹的作用是（　　　）。

    A. 收集感兴趣的页面地址   B. 记忆感兴趣的页面内容

    C. 收集感兴趣的文件内容   D. 收集感兴趣的文件名

101. 有关计算机的主要特性，叙述错误的有（　　　）。

    A. 处理速度快、计算精度高   B. 存储容量大

    C. 逻辑判断能力一般   D. 网络和通信功能强

102. 专门为某种用途而设计的计算机，称为（　　　）计算机。

    A. 专用   B. 通用   C. 特殊   D. 模拟

103. 计算机辅助教育的英文缩写是（　　　）。

    A. CAD   B. CAE   C. CAM   D. CAI

104. 在计算机中，用（　　　）位二进制码组成一个字节。

    A. 8   B. 16   C. 32   D. 根据机器不同而异

105. 计算机中数据的表示形式是（　　　）。

    A. 八进制   B. 十进制   C. 二进制   D. 十六进制

106. 标准 ASCII 码字符集共有编码（　　　）个。

    A. 128   B. 256   C. 34   D. 94

107. 下面叙述中正确的是（　　　）。

    A. 在计算机中，汉字的区位码就是机内码

    B. 在汉字的国际标码 GB 2313—80 的字符集中，共收集了 6 763 个常用汉字

    C. 英文小写字母 e 的 ASCII 码为 101，英文小写母 h 的 ASCII 码为 103

    D. 存放 80 个 24×24 点阵的汉字字模信息需要 2 560 个字节

108. Word 字处理软件属于（　　　）。

    A. 管理软件   B. 网络软件   C. 应用软件   D. 系统软件

109. 下面 4 种存储器中，属于数据易失性的存储器是（　　　）。

    A. RAM   B. ROM   C. PROM   D. CD-ROM

110. 下列等式中，正确的是（　　　）。

    A. 1KB =1 024×1 024B   B. 1MB =1 024B

    C. 1KB =1 024MB   D. 1MB =1 024KB

111. 计算机中所有信息的存储都采用（　　　）。

    A. 十进制   B. 十六进制   C. ASCII 码   D. 二进制

112. 下列有关计算机结构的叙述中，错误的是（　　　）。

    A. 最早的计算机基本上采用直接连接的方式，冯·诺依曼研制的计算机 IAS，基本上就采用了直接连接的结构

    B. 直接连接方式连接速度快，而且易于扩展

    C. 现代计算机普遍采用总线结构

    D. 数据总线的位数，通常与 CPU 的位数相对应

113. 1024 × 768 的分辨率是指在（   ）方向上有 1 024 个像素。

    A. 垂直   B. 水平   C. 对角   D. 水平和垂直

114. 下列叙述中，正确的是（   ）。

    A. 激光打印机属于击打式打印机

    B. CAI 软件属于系统软件

    C. 就存取速度而论，优盘比硬盘快，硬盘比内存快

    D. 计算机的运算速度可以 MIPS 来表示

115. 下列情况下，哪种现象说明有可能是计算机被感染了病毒（   ）？

    A. 磁盘文件数目无故增多

    B. 计算机经常出现死机现象或不能正常启动

    C. 显示器上经常出现一些莫名其妙的信息或异常现象

    D. 以上都有可能

116. 下列有关 Internet 的叙述中，错误的是（   ）。

    A. 万维网就是因特网   B. 因特网上提供了多种信息

    C. 因特网是计算机网络的网络   D. 因特网是国际计算机互联网

117. 以下（   ）表示域名。

    A. 171.110.8.32   B. www.pheonixtv.com

    C. http://www.domy.asppt.ln.cn   D. melon@public.com.cn

118. 关于电子邮件，下列说法中错误的是（   ）。

    A. 发件人必须有自己的 E-mail 账户

    B. 必须知道收件人的 E-mail 地址

    C. 收件人必须有自己的邮政编码

    D. 可以使用 Outlook Express 管理联系人信息

119. 个人计算机属于（   ）。

    A. 小型计算机   B. 巨型机算机   C. 大型主机   D. 微型计算机

120. 将计算机应用于办公自动化属于计算机应用领域中的（   ）。

    A. 科学计算   B. 信息处理   C. 过程控制   D. 计算机辅助

121. 微型计算机主机的主要组成部分有（   ）。

    A. 运算器和控制器   B. CPU 和硬盘

    C. CPU 和显示器   D. CPU 和内存储器

122. 8 位字长的计算机可以表示的无符号整数的最大值是（   ）。

    A. 8   B. 16   C. 255   D. 256

123. 二进制数 110000 转换成十六进制数是（   ）。

    A. 77   B. D7   C. 70   D. 30

124. 对 ASCII 编码的描述准确的是（   ）。

    A. 使用 7 位二进制代码   B. 使用 8 位二进制代码，最左一位为 0

    C. 使用输入码   D. 使用 8 位二进制代码，最左一位为 1

125. 五笔字型输入法属于（   ）。

    A. 音码输入法   B. 形码输入法   C. 音形结合输入法   D. 联想输入法

126. 在表示存储容量时，KB 的准确含义是（   ）字节。

    A. 512   B. 1 000   C. 1 024   D. 2 048

127. 高级语言源程序要翻译成目标程序，完成这种翻译过程的程序是（　　）。

    A. 汇编程序　　　　　B. 翻译程序　　　　　C. 解释程序　　　　　D. 编译程序

128. DRAM 存储器的中文含义是（　　）。

    A. 静态随机存储器　B. 动态随机存储器　C. 动态只读存储器　D. 静态只读存储器

129. 缓存（Cache）存在于（　　）。

    A. 内存内部　　　　　B. 内存和硬盘之间　C. 硬盘内部　　　　　D. CPU 内部

130. 光盘的特点是（　　）。

    A. 存储容量大、价格便宜

    B. 不怕磁性干扰，比磁盘的记录密度更高，也更可靠

    C. 存取速度快

    D. 以上都是

131. 有关显示器的叙述中，错误的是（　　）。

    A. 显示器的尺寸以显示屏的对角线来度量

    B. 微机显示系统由显示器和显示卡组成

    C. 显示器是通过显卡与主机连接的，所以显示器必须与显示卡匹配

    D. 显存的大小不影响显示器的分辨率与颜色数

132. 中国的域名是（　　）。

    A. com　　　　　　　B. uk　　　　　　　　C. cn　　　　　　　　D. jp

133. 关于使用 FTP 下载文件，下列说法中错误的是（　　）。

    A. FTP 即文件传输协议

    B. 使用 FTP 协议在因特网上传输文件，这两台计算机必须使用同样的操作系统

    C. 可以使用专用的 FTP 客户端下载文件

    D. FTP 使用客户/服务器模式工作

134. 计算机采用的主机电子器件的发展顺序是（　　）。

    A. 晶体管、电子管、中小规模集成电路、大规模和超大规模集成电路

    B. 电子管、晶体管、中小规模集成电路、大规模和超大规模集成电路

    C. 晶体管、电子管、集成电路、芯片

    D. 电子管、晶体管、集成电路、芯片

135. 利用计算机预测天气情况属于计算机应用领域中的（　　）。

    A. 科学计算　　　　　B. 数据处理　　　　　C. 过程控制　　　　　D. 计算机辅助

136. 微型计算机硬件系统最核心的部件是（　　）。

    A. 主板　　　　　　　B. CPU　　　　　　　C. 内存储器　　　　　D. I/O 设备

137. 计算机运算部件一次能同时处理的二进制数据的位数称为（　　）。

    A. 位　　　　　　　　B. 字节　　　　　　　C. 字长　　　　　　　D. 波特

138. 将十进制数 257 转换为十六进制数为（　　）。

    A. 11　　　　　　　　B. 101　　　　　　　　C. F1　　　　　　　　D. FF

139. 计算机软件系统包括（　　）。

    A. 系统软件和应用软件　　　　　　　　B. 编译系统和应用软件

    C. 数据库及其管理软件　　　　　　　　D. 程序及其相关数据

140. 下列关于硬盘的说法错误的是（　　）。

    A. 硬盘中的数据断电后不会丢失　　　　B. 每个计算机主机有且只能有一块硬盘

C. 硬盘可以进行格式化处理　　　　　　　D. CPU 不能够直接访问硬盘中的数据

141. 下列不属于系统软件的是（　　　　）。

    A. DOS　　　　　　B. Windows XP　　　　　C. UNIX　　　　　　D. Office 2003

142. SRAM 存储器是（　　　　）。

    A. 静态只读存储器　　B. 静态随机存储器　　C. 动态只读存储器　　D. 动态随机存储器

143. 微型计算机中的内存储器，通常采用（　　　　）。

    A. 光存储器　　　　　B. 磁表面存储器　　　　C. 半导体存储器　　　D. 磁芯存储器

144. 下列选项中，不属于外存储器的是（　　　　）。

    A. 硬盘　　　　　　　B. 优盘　　　　　　　　C. 光盘　　　　　　　D. ROM

145. 有关总线和主板，叙述错误的是（　　　　）。

    A. 外设可以直接挂在总线上

    B. 总线体现在硬件上就是计算机主板

    C. 主板上配有插 CPU、内存条、显示卡等的各类扩展槽或接口，而光盘驱动器和硬盘
       驱动器则通过扁缆与主板相连

    D. 在电脑维修中，把 CPU、主板、内存、显卡加上电源所组成的系统称为最小化系统

146. 在下列设备中，既能向主机输入数据又能从主机接收数据的设备是（　　　　）。

    A. CD-ROM　　　　　B. 显示器　　　　　　　C. 优盘　　　　　　　D. 光笔

147. （　　　　）文件是 Windows 操作系统中数字视频文件的标准格式。

    A. mdi　　　　　　　B. gif　　　　　　　　　C. avi　　　　　　　　D. wav

148. 下列软件中，不属于杀毒软件的是（　　　　）。

    A. 金山毒霸　　　　　B. 诺顿　　　　　　　　C. KV3000　　　　　　D. Outlook Express

149. 根据域名代码规定，域名为 "toame.com.cn" 表示网站类别应是（　　　　）。

    A. 教育机构　　　　　B. 国际组织　　　　　　C. 商业组织　　　　　D. 政府机构

150. 下列不属于第二代计算机特点的一项是（　　　　）。

    A. 采用电子管作为逻辑元件　　　　　　　B. 内存主要采用磁芯

    C. 运算速度为每秒几万～几十万条指令　　D. 外存储器主要采用磁盘和磁带

151. 微机中访问速度最快的存储器是（　　　　）。

    A. CD-ROM　　　　　B. 硬盘　　　　　　　　C. U 盘　　　　　　　D. 内存

152. 计算机在实现工业生产自动化方面的应用属于（　　　　）。

    A. 实时控制　　　　　B. 人工智能　　　　　　C. 信息处理　　　　　D. 数值计算

153. 中央处理器（CPU）主要由（　　　　）组成。

    A. 控制器和内存　　　　　　　　　　　　B. 运算器和控制器

    C. 控制器和寄存器　　　　　　　　　　　D. 运算器和内存

154. 微处理器按其字长可以分为（　　　　）。

    A. 4 位、8 位、16 位　　　　　　　　　　B. 8 位、16 位、32 位、64 位

    C. 4 位、8 位、16 位、24 位　　　　　　　D. 8 位、16 位、24 位

155. 十进制数 100 转换成二进制数是（　　　　）。

    A. 01100100　　　　B. 01100101　　　　　　C. 01100110　　　　　D. 01101000

156. 要放置 10 个 24×24 点阵的汉字字模，需要的存储空间是（　　　　）。

    A. 72B　　　　　　　B. 320B　　　　　　　　C. 720B　　　　　　　D. 72KB

157. 八进制数 765 转换成二进制数为 (　　　)。

    A. 111111101　　　　B. 111110101　　　　C. 10111101　　　　D. 11001101

158. 有关软件系统，下列选项中说法正确的是 (　　　)。

    A. 软件系统是为运行、管理和维护计算机而编制的各种程序、数据和文档的总称

    B. 软件系统是为运行、管理和维护计算机而编制的各种程序、数据的总称

    C. 软件系统是为运行、管理和维护计算机而编制的各种程序的总称

    D. 没有软件系统的计算机也可以工作

159. 下列关于存储器的叙述中正确的是 (　　　)。

    A. CPU 能直接访问存储在内存中的数据，也能直接访问存储在外存中的数据

    B. CPU 不能直接访问存储在内存中的数据，能直接访问存储在外存中的数据

    C. CPU 只能直接访问存储在内存中的数据，不能直接访问存储在外存中的数据

    D. CPU 既不能直接访问存储在内存中的数据，也不能直接访问存储在外存中的数据

160. 下列选项的硬件中，断电后会使存储数据丢失的存储器是 (　　　)。

    A. 硬盘　　　　B. RAM　　　　C. ROM　　　　D. 优盘

161. 一般来说，外存储器中的信息在断电后 (　　　)。

    A. 局部丢失　　　　B. 大部分丢失　　　　C. 全部丢失　　　　D. 不会丢失

162. 通常所说的 I/O 设备是指 (　　　)。

    A. 输入/输出设备　　　　B. 通信设备　　　　C. 网络设备　　　　D. 控制设备

163. 下列设备中，具有 USB 接口的有 (　　　)。

    A. 优盘　　　　B. 键盘　　　　C. 数码相机　　　　D. 以上都对

164. 计算机病毒实质上是 (　　　)。

    A. 操作者的幻觉　　　　B. 一类化学物质　　　　C. 一些微生物　　　　D. 一段程序

165. 目前使用的防杀病毒软件的作用是 (　　　)。

    A. 检查计算机是否感染病毒，清除已感染的任何病毒

    B. 杜绝病毒对计算机的侵害

    C. 检查计算机是否感染病毒，清除部分已感染的病毒

    D. 查出已感染的任何病毒，清除部分已感染的病毒

166. 调制解调器的功能是 (　　　)。

    A. 将数字信号转换成模拟信号　　　　B. 将模拟信号转换成数字信号

    C. 将数字信号转换成其他信号　　　　D. 在数字信号与模拟信号之间进行转换

167. 下列域名中，表示教育机构的是 (　　　)。

    A. ftp.mba.net.cn　　　　B. ftp.cnc.ac.cn

    C. www.mda.ac.cn　　　　D. www.mba.edu.cn

168. 在计算机时代的划分中，采用中小规模集成电路作为主要逻辑元件的计算机属于 (　　　)。

    A. 第 1 代　　　　B. 第 2 代　　　　C. 第 3 代　　　　D. 第 4 代

169. 2008 年 8 月，我国自主研发制造的计算机 "曙光 5000" 属于 (　　　)。

    A. 超级计算机　　　　B. 大型计算机　　　　C. 小型计算机　　　　D. 服务器

170. 有关信息和数据，下列说法中错误的是 (　　　)。

    A. 数值、文字、语言、图形、图像等都是不同形式的数据

    B. 数据是信息的载体

    C. 数据处理之后产生的结果为信息，信息有意义，数据没有

D. 数据具有针对性、时效性

171. 微型计算机中运算器的主要功能是进行（　　）。

A. 算术运算　　　　　　　　　　　B. 逻辑运算

C. 初等函数运算　　　　　　　　　D. 算术运算和逻辑运算

172. 计算机最主要的工作特点是（　　）。

A. 有记忆能力　　　　　　　　　　B. 高精度与高速度

C. 可靠性与可用性　　　　　　　　D. 存储程序与自动控制

173. 二进制数 00111101 转换成十进制数为（　　）。

A. 58　　　　　　B. 59　　　　　　C. 61　　　　　　D. 65

174. 操作系统的功能是（　　）。

A. 将源程序编译成目标程序

B. 负责诊断计算机的故障

C. 控制和管理计算机系统的各种硬件和软件资源的使用

D. 负责外设与主机之间的信息交换

175. 计算机硬件能够直接识别和执行的语言只有（　　）。

A. C 语言　　　　B. 汇编语言　　　C. 机器语言　　　D. 符号语言

176. 为解决某一特定问题而设计的指令序列称为（　　）。

A. 语言　　　　　B. 程序　　　　　C. 软件　　　　　D. 系统

177. 下列存储器中读取速度最快的是（　　）。

A. 内存　　　　　B. 硬盘　　　　　C. 软盘　　　　　D. 光盘

178. 大写字母 B 的 ASCII 码值是（　　）。

A. 65　　　　　　B. 66　　　　　　C. 41H　　　　　D. 97

179. 在微型计算机技术中，通过系统（　　）把 CPU、存储器、输入设备和输出设备连接起来，实现信息交换。

A. 总线　　　　　B. I/O 接口　　　C. 电缆　　　　　D. 通道

180. 有关计算机内存，叙述错误的是（　　）。

A. 微机的内存按功能可分为 RAM 和 ROM

B. 通常所说的计算机内存容量指 RAM 和 ROM 合计的存储器容量

C. RAM 具有可读写性、易失性

D. CPU 对 ROM 只取不存，里面存放计算机系统管理程序，如监控程序、基本输入/输出系统模块 BIOS 等

181. 目前，打印质量最好、无噪声、打印速度快的打印机是（　　）。

A. 点阵打印机　　B. 针式打印机　　C. 喷墨打印机　　D. 激光打印机

182. 计算机病毒破坏的主要对象是（　　）。

A. 优盘　　　　　B. 磁盘驱动器　　C. CPU　　　　　D. 程序和数据

183. 计算机网络最突出的优点是（　　）。

A. 运算速度快　　　　　　　　　　B. 存储容量大

C. 运算容量大　　　　　　　　　　D. 可以实现资源共享

184. 将发送端数字脉冲信号转换成模拟信号的过程称为（　　）。

A. 链路传输　　　B. 调制　　　　　C. 解调　　　　　D. 数字信道传输

185. HTML 的正式名称是（　　　）。

A. 主页制作语言　　　　　　　　　　B. 超文本标记语言

C. Internet 编程语言　　　　　　　　D. WWW 编程语言

186. 下列电子邮件地址的书写格式正确的是（　　　）。

A. kaoshi@sina.com.cn　　　　　　　B. kaoshi,@sina.com.cn

C. kaoshi@,sina.com.cn　　　　　　　D. kaoshisina.com.cn

187. 使用晶体管作为主要逻辑元件的计算机是（　　　）计算机。

A. 第 1 代　　　　B. 第 2 代　　　　C. 第 3 代　　　　D. 第 4 代

188. 早期的计算机是用来进行（　　　）的。

A. 科学计算　　　　B. 系统仿真　　　　C. 自动控制　　　　D. 动画设计

189. 在下列各种编码中，每个字节最高位均是"1"的是（　　　）。

A. 汉字国标码　　　B. 汉字机内码　　　C. 外码　　　　D. ASCII 码

190. 微型计算机中，控制器的基本功能是（　　　）。

A. 进行算术运算和逻辑运算　　　　　B. 存储各种控制信息

C. 保持各种控制状态　　　　　　　　D. 控制机器各个部件协调一致地工作

191. 下列 4 项中不属于计算机的主要技术指标的是（　　　）。

A. 字长　　　　B. 存储容量　　　　C. 重量　　　　D. 时钟主频

192. 下列不同进制中的 4 个数，最小的一个是（　　　）。

A. （11011001）B　　B. （75）D　　　C. （37）O　　　D. （A7）H

193. 操作系统是计算机系统中的（　　　）。

A. 核心系统软件　　　　　　　　　　B. 关键的硬件部件

C. 广泛使用的应用软件　　　　　　　D. 外部设备

194. （　　　）是一种符号化的机器语言。

A. C 语言　　　　B. 汇编语言　　　　C. 机器语言　　　　D. 计算机语言

195. 微型计算机的中央处理器每执行一条（　　　），就完成一步基本运算或判断。

A. 命令　　　　B. 指令　　　　C. 程序　　　　D. 语句

196. 在具有多媒体功能的微型计算机中，常用的 CD-ROM 是（　　　）。

A. 只读型软盘　　　　　　　　　　　B. 只读型硬盘

C. 只读型光盘　　　　　　　　　　　D. 只读型半导体存储器

197. 标准 ASCII 码的码长是（　　　）。

A. 7　　　　B. 8　　　　C. 12　　　　D. 16

198. 相对而言，下列类型的文件中，不易感染病毒的是（　　　）。

A. *.txt　　　　B. *.doc　　　　C. *.com　　　　D. *.exe

199. 有关计算机网络，下列说法中错误的是（　　　）。

A. 组成计算机网络的计算机设备是分布在不同地理位置的多台独立的"自治计算机"

B. 计算机网络提供资源共享的功能

C. 共享资源包括硬件资源、软件资源及数据信息

D. 计算机网络中，每台计算机核心的基本部件，如 CPU、系统总线、网络接口等都要求存在，但不一定独立

200. 通常，一台计算机要接入因特网，应该安装的设备是（　　　）。

A. 网络操作系统　　B. 调制解调器或网卡　　C. 网络查询工具　　D. 浏览器

201. 因特网上的服务都是基于某一种协议，Web 服务是基于（　　　）。
　　A. SMTP 协议　　　B. SNMP 协议　　　C. HTTP 协议　　　D. TELNET 协议

二、计算机应用基础选择题参考答案

1. D	2. D	3. A	4. A	5. A	6. A	7. A	8. B	9. A	10. C
11. C	12. B	13. A	14. B	15. C	16. C	17. A	18. D	19. B	20. C
21. D	22. B	23. C	24. A	25. B	26. A	27. C	28. B	29. A	30. A
31. D	32. B	33. A	34. D	35. D	36. B	37. A	38. A	39. C	40. A
41. A	42. C	43. B	44. D	45. C	46. A	47. D	48. D	49. A	50. C
51. B	52. D	53. B	54. C	55. C	56. A	57. B	58. C	59. B	60. C
61. A	62. B	63. C	64. B	65. D	66. A	67. A	68. A	69. C	70. B
71. A	72. A	73. C	74. C	75. C	76. C	77. A	78. D	79. D	80. B
81. B	82. C	83. C	84. D	85. B	86. B	87. D	88. B	89. C	90. C
91. B	92. C	93. B	94. B	95. C	96. D	97. D	98. D	99. B	100. A
101. C	102. A	103. D	104. A	105. C	106. A	107. B	108. C	109. A	110. D
111. D	112. B	113. B	114. D	115. D	116. A	117. B	118. C	119. D	120. B
121. D	122. C	123. D	124. B	125. D	126. C	127. D	128. B	129. D	130. D
131. D	132. B	133. D	134. B	135. A	136. B	137. D	138. B	139. D	140. D
141. D	142. B	143. C	144. D	145. A	146. C	147. D	148. D	149. C	150. D
151. D	152. B	153. B	154. B	155. C	156. C	157. D	158. A	159. C	160. B
161. D	162. A	163. D	164. D	165. C	166. D	167. D	168. C	169. A	170. D
171. D	172. D	173. C	174. C	175. C	176. B	177. A	178. B	179. A	180. B
181. D	182. D	183. D	184. B	185. B	186. A	187. B	188. A	189. B	190. D
191. C	192. C	193. A	194. B	195. B	196. C	197. A	198. A	199. D	200. B
201. C									